Meinen Kritikern

Erläuterungen und Ergänzungen

zu

„Grundriß der Statistik"

und zu

„Fünf Hauptprobleme der statistischen Methodenlehre"

Von

Professor Dr. Franz Žižek

Frankfurt a. M.

Sonderdruck aus „Allg. Statistischen Archiv" Bd. XIV

1924

J. Schweitzer Verlag (Arthur Sellier)

München, Berlin und Leipzig

Meinen Kritikern

Erläuterungen und Ergänzungen

zu

„Grundriß der Statistik“

und zu

„Fünf Hauptprobleme der statistischen Methodenlehre“

Von

Professor Dr. Franz Žižek

Frankfurt a. M.

Sonderdruck aus „Allg. Statistischen Archiv“ Bd. XIV

1924

J. Schweitzer Verlag (Arthur Sellier)

München, Berlin und Leipzig

Druck von Dr. F. P. Datterer & Cie., Freising-München

Inhaltsübersicht.

A. Ausbau der allgemeinen statistischen Methodenlehre 5
B. Theorie von den vier entscheidenden Begriffen 9
C. Verhältnis zwischen allgemeiner und besonderer Methodenlehre, namentlich hinsichtlich der Begriffsbildung 13
D. Einheitlichkeit der gesamten Statistik 18
E. Beschränkung auf die Statistik der gesellschaftlichen Erscheinungen 20
F. System der „Praktischen Statistik“ 21
G. Die Statistik als besondere Wissenschaft 25
H. Technik der Statistik 29
I. Theorie der Statistik 31
K. Anforderungen an ein Lehrbuch der Statistik 35

Einleitung.

Eine Reihe hochgeschätzter Fachgenossen haben in verschiedenen Zeitschriften Besprechungen meiner Schriften „Grundriß der Statistik“ und „Fünf Hauptprobleme der statistischen Methodenlehre“ veröffentlicht. Die folgenden Zeilen bezwecken nicht etwa gegen meine Kritiker, soweit sie Einwendungen dieser oder jener Art erhoben haben, zu polemisieren. Ich möchte vielmehr den wissenschaftlichen Gehalt dieser Besprechungen nach bestimmten Richtungen für die weitere Entwicklung unserer statistischen Wissenschaft fruchtbar machen. Die in Rede stehenden Rezensionen enthalten ja eine Fülle wertvoller Gedanken, sie lassen die Auffassungen hervorragendster Vertreter der Statistik erkennen. Im folgenden möchte ich daher, durch die über meine Schriften erschienenen Kritiken angeregt und mit systematischer, materienweiser Verwertung dieser Kritiken, einige bedeutsame und aktuelle allgemeine Fragen erörtern, über die — wie die Äußerungen meiner Rezensenten zeigen — noch beträchtliche Meinungsverschiedenheiten herrschen; so wird sich für diese Fragen ein in mancher Hinsicht interessantes Bild des neuesten Standes unserer Wissenschaft ergeben[1]). Der Titel dieser Abhandlung möge als Widmung, die Abhandlung selbst als Ausdruck aufrichtigen Dankes für die meinen Schriften geschenkte Beachtung aufgefaßt werden[2]).

Wenn ich im folgenden die Gelegenheit dazu benutze, meine eigenen Auffassungen und Bestrebungen, die ich zum Verständnis der an ihnen geübten Kritik ohnehin kurz wiedergeben muß, möglichst präzis zu kennzeichnen — gewissermaßen durch eine in die allgemeinen Erörterungen eingeflochtene Selbstanzeige —, so möchte ich dies einerseits damit motivieren, daß die Rezensionen erkennen lassen, daß meine Ansichten und Ziele in mancher Hinsicht noch einer Erläuterung und Präzisierung bedürfen, andererseits damit, daß die Besprechungen

---

[1]) Natürlich können im folgenden die Besprechungen meiner Schriften nur insoweit berücksichtigt werden, als sie sich mit jenen allgemeinen Fragen beschäftigt haben, die im folgenden erörtert werden sollen; hieraus ergibt sich eine in der Natur der Sache gelegene Ungleichmäßigkeit im Ausmaße der Verwertung der einzelnen Rezensionen; dieses Ausmaß ist von der den einzelnen Rezensionen als solchen beigemessenen Bedeutung unabhängig.

[2]) Leider habe ich die über die 1. Auflage meines Grundrisses erschienenen Besprechungen bei der Bearbeitung der 2. Auflage zumeist nicht berücksichtigen können, da sie erst erschienen, bzw. mir bekannt wurden, als die Drucklegung der 2. Auflage schon weit vorgeschritten war. — Eine kurze Darlegung der hauptsächlichsten Unterschiede zwischen der 1. und der 2. Auflage meines Grundrisses der Statistik findet sich im Deutschen Statistischen Zentralblatt 1923 Nr. 7/8 S. 115.

meiner Schriften auf einige Eigentümlichkeiten derselben, die meines Erachtens für die Weiterentwicklung unserer Wissenschaft nutzbar gemacht werden können, nicht näher eingegangen sind, wohl aus dem Grunde, weil ich die mich in letzter Linie leitenden Gedanken nirgends besonders formuliert, sie vielmehr sofort, im „Grundriß der Statistik", in den Dienst der praktischen Aufgabe einer Gesamtdarstellung der Statistik gestellt habe.

A. Ausbau der allgemeinen statistischen Methodenlehre.

Die meisten methodologischen Probleme tauchen zuerst auf einzelnen Gebieten der Statistik (bei Durchführung von Volkszählungen, bei Ernteerhebungen, in der Handelsstatistik usw.) auf und werden da vielfach mit hervorragendem Scharfsinn untersucht. Es handelt sich aber auf den verschiedenen Einzelgebieten meist nur um Spezialfälle der gleichen allgemeinen Kategorien, was die Einzelforscher in der Regel nicht erkennen. Das statistische Verfahren und die damit zusammenhängenden Streitfragen aus der zersplitterten, die einzelnen Gebiete behandelnden „besonderen Methodik" (Methodik der Volkszählungen, der Ernteerhebungen usw.) in die höhere Sphäre der „allgemeinen Methodenlehre" zu heben, ist meines Erachtens jetzt unsere vornehmste Aufgabe. Die Statistik hat auch schon ein gutes Stück Weges in dieser Richtung zurückgelegt; wir sind natürlich imstande die verschiedenen Verfahrensarten generell zu kennzeichnen und begrifflich zu definieren (z. B. primäre und sekundäre Statistik, Zählungen und Verzeichnungen, zentralisierte und dezentralisierte Bearbeitung), wir haben allgemeine Begriffe für verschiedene Arten statistischer Ausdrucksmittel (absolute Zahlen, Verhältniszahlen, Mittelwerte, graphische Darstellungen) und für deren Unterarten, wir unterscheiden „in genereller Fassung"[3]) verschiedene Arten von statistischen Reihen, von statistischen Regelmäßigkeiten, von Erhebungsformularen, Tabellen usw. Die allgemeine Methodenlehre unternimmt es auch, die Vorzüge und Nachteile der verschiedenen Verfahrensarten und Ausdrucksmittel grundsätzlich, in allgemeiner Fassung, zu erörtern (Vorzüge und Nachteile von Zählkarten, von Stichprobenerhebungen usw.);

---

[3]) Diesen mir unentbehrlich gewordenen Ausdruck habe ich mir aus *v. Bortkiewicz'* „Grundriß einer Vorlesung über allgemeine Theorie der Statistik" angeeignet; *v. Bortkiewicz* stellt dort (S. 4) der materiellen Statistik (den statistischen Ergebnissen) die formelle Statistik gegenüber, als Inbegriff der Methoden und Veranstaltungen, die zur Ausführung statistischer Beobachtungen und zu ihrer wissenschaftlichen Verarbeitung dienen. Die allgemeine Theorie der Statistik — die allgemeine statistische Methodenlehre in unserer Terminologie — hat nach *v. Bortkiewicz* zunächst die statistischen Methoden in genereller Fassung (d. h. unabhängig von ihrem jeweiligen Anwendungsgebiet) zu besprechen und zu begründen; es ist sodann ihre Aufgabe, das Verhalten und die Bedeutung der statistischen Zahlenwerte im allgemeinen zu charakterisieren. — Sehr wertvoll waren mir auch *v. Bortkiewicz* kritische Bemerkungen — in seiner Besprechung meines Grundrisses — zu meinem Postulate der Berechnung von Verhältniszahlen und Mittelwerten für möglichst homogene Massen (Deutsche Literaturzeitung 1921 Nr. 49 S. 710); sie führten mich zur Feststellung des Zusammenhanges zwischen den „allgemeinen Ursachen" und den „kausalen Faktoren" (Grundriß, 2. Aufl. S. 175/176 und DStZ. 1922 Nr. 3/4 S. 55).

sie muß danach streben, gewisse Verfahrensarten vom allgemein methodologischen Standpunkt aus als empfehlenswert, andere als minderwertig nachzuweisen.

Den Ausbau der allgemeinen Methodenlehre zu fördern war bei der Abfassung meiner eingangs erwähnten Schriften mein Hauptziel und ich glaube verschiedene neue Beiträge geliefert zu haben, über die ich einige Bemerkungen — als Bestandteil der Selbstanzeige, die ich mir einzuflechten gestatten möchte — folgen lasse. Ich führe zunächst ein Beispiel an: auf den verschiedensten Einzelgebieten beschäftigen sich die Statistiker seit langem mit dem Problem der „Zähleinheit“ oder „Erhebungseinheit“; man hat auf zahlreichen Einzelgebieten erkannt, daß sich das statistische Verfahren auf Erhebungseinheiten aufbaut, ferner, daß es von der größten Tragweite ist, wie man diese Erhebungseinheiten festsetzt; häufig standen da verschiedene Erhebungseinheiten mit verschiedenen Begriffsdefinitionen zur Wahl und es wurde diskutiert, welche die zweckmäßigste sei (Zählung der Ortsanwesenden oder der im Ort wohnenden Personen bei der Volkszählung, Zählung zusammengesetzter gewerblicher Betriebe als ein Betrieb oder besondere Zählung der einzelnen Betriebsabteilungen als Einheiten); Schwierigkeiten entstanden auf manchen Gebieten dadurch, daß nicht alle eigentlich interessierenden Fälle in die Statistik einbezogen werden können (Erfassung nur der unterstützten Armen, nur der Besitzer eines steuerpflichtigen Vermögens). In der bisher vorhandenen Literatur spielen in den einzelnen Abschnitten der „Praktischen Statistik“ Erörterungen über die Erhebungseinheiten eine große Rolle; aber die „Allgemeine statistische Methodenlehre“ bot bisher darüber sehr wenig — gewisse Hinweise finden sich immerhin bei *Schott* (Statistik, 2. und 3. Auflage, S. 36) und bei *Kaufmann* (Theorie und Methode der Statistik, S. 262); daß unsere Wissenschaft der „Erhebungseinheit“ als allgemeinem Problem noch nicht genügende Beachtung schenkte, beweist wohl der Umstand, daß unsere repräsentativste und anerkannteste Theorie der Statistik — jene von *Georg v. Mayr* (2. Auflage vom Jahre 1914) — keinen besonderen Abschnitt über die Erhebungseinheiten aufweist und die Termini Erhebungseinheit und Zähleinheit im Sachregister gar nicht vorkommen. Mein Ziel war nun, die Bedeutung der Erhebungseinheit in genereller Fassung auf Grundlage des Materials aller statistischen Einzelzweige klarzulegen. Es galt eine allgemeine Definition zu bieten, es ergab sich, daß jede Erhebungseinheit, um welches Gebiet der Statistik es sich auch handeln möge, in räumlicher, zeitlicher und sachlicher Hinsicht definiert sein muß (wie sie auf einem konkreten Einzelgebiet am besten definiert wird, ist natürlich Sache der besonderen Methodik des betreffenden Einzelgebiets), es ergaben sich eine Reihe interessanter Analogien: auf zahlreichen statistischen Einzelgebieten werden bewußt Fälle von geringer Bedeutung ausgeschlossen (kleine Vorräte, kleine Schiffe), auf mehreren Gebieten finden wir, daß nur gewisse Unterarten von Fällen in die Erhebung einbezogen werden (nur die Preise gewisser Warengattungen, nur gewisse häusliche Nutztiere), auf verschiedenen Gebieten zeigt sich die Spaltung der Erhebungseinheiten in „Personen“ und „Fälle“. Auch über die Erhebungsmerkmale gab es bisher meines Wissens keine gründliche Untersuchung vom allgemeinen methodologischen Standpunkt. *G. v. Mayr* bietet (Theoretische Statistik, 2. Auflage, S. 251) nur eine Einteilung der Merkmale (in der jedoch die in meiner Darstellung des statistischen Verfahrens für das ganze Bearbeitungsstadium grundlegende Unterscheidung von qualitativen und quantitativen Merkmalen nicht genannt ist), *Schott* hat — vielleicht nur wegen des beschränkten ihm zur Verfügung stehenden Raums — nur einige Andeutungen (a. a. O. S. 39), ebenso *Kaufmann* (S. 264 ff.). Besonderes Gewicht habe ich auf die Darstellung der Bearbeitung des Erhebungsmaterials gelegt, auf die Klarlegung des grundsätzlichen logischen Charakters derselben, auf Grund der speziellen Verfahren in den verschiedensten Einzelzweigen; da entstanden — ein Novum in der statistischen Literatur — auch besondere ausführliche Abschnitte über die statistischen Größenklassen und die systematischen Klassifikationen, sowie über die Bildung räumlicher und zeitlicher Gruppen, wobei ich überall die Abgrenzung der Gruppen und die Aussagen über die gebildeten Gruppen unterscheide, eine Unterscheidung, die meines Erachtens das ganze Bearbeitungsverfahren, als Umwandlungsprozeß, erst verständlich macht. Ein besonderer Abschnitt behandelt die Kombinierung mehrerer Erhebungsmerkmale bei der Gruppenbildung, ein Problem, das bisher in der Literatur fast gar nicht dargelegt wurde, obwohl diese Kombinierung geradezu das für den Wert der zu erzielenden Statistik entscheidende Kriterium der statistischen Bearbeitung bildet. Der Statistiker, der hierüber weitaus am meisten gesagt hat, ist *Kaufmann* (a. a. O. S. 426); auf ihn verweist auch *G. v. Mayr* (a. a. O. S. 108); aber bei *Kaufmann* ist die Untersuchung noch dem technischen Gesichtspunkte der Tabellengestaltung untergeordnet, während ich bei dieser Frage, sowie überhaupt, bestrebt bin, die logischen Kategorien von der technischen Durchführung, in der sie zunächst in der statistischen Praxis stecken, loszulösen. Ich erwähne auch den neuen, m. E. unentbehrlichen Begriff der von den Erhebungseinheiten verschiedenen „Bearbeitungseinheiten“. Und in ähnlichem Sinn glaube ich auch in verschiedenen anderen Abschnitten der allgemeinen Methodenlehre (hinsichtlich der Verhältniszahlen, der Mittelwerte, der statistischen Reihen, der statistischen Regelmäßigkeiten, bei der Darstellung der neueren Geschichte der Statistik usw.) Neues geboten zu haben usw.

Die Kritik hat sich mit meiner allgemeinen Methodenlehre relativ wenig beschäftigt. *G. v. Mayr* hat in seiner Besprechung meines Grundrisses (Allg. Statist. Archiv, 13. Bd. 1921/22, Heft 1—3, S. 319) auf meine Ausführungen über die Bearbeitung des Erhebungsmaterials durch Gruppenbildung besonders hingewiesen; *Tschuprow* hat zustimmend hervorgehoben, daß meine Darstellung „dem Problem der Gruppenbildung die ihm gebührende zentrale Stellung“ zuweise (Nordisk Statistisk Tidskrift, Bd. 1, 1922, Heft 2). Mein sehr geschätzter Wiener Kollege *W. Winkler* hat dagegen in seiner Besprechung meines

Grundrisses (Zeitschr. f. Volkswirtschaft u. Sozialpolitik, Wien, N. F. 2. Bd. S. 253) bemerkt, meine allgemeine Methodenlehre bringe in methodologischer Hinsicht kaum etwas Neues, die Hauptstärke meines Werkes liege in dem zweiten, die angewandte Statistik behandelnden Teile[4]). Dieser Ansicht *Winklers* über meine allgemeine Methodenlehre darf ich aber wohl die Beurteilung *G. v. Mayrs* entgegenhalten, der in seiner oben zitierten Besprechung meines Grundrisses von den von mir „den bisherigen wissenschaftlichen Errungenschaften hinzugesetzten neuen Auffassungen und Anregungen" sagt, er habe „deutlich empfunden, wie wertvoll ihm die Nutzbarmachung der Darlegungen des Verfassers und der Anregungen, die er bietet, für eine Neubearbeitung seiner Theoretischen Statistik sein werden". Sehr richtig hat m. E. *Maximilian Meyer* (DStZ. 1921 Nr. 9/10, S. 146, und ähnlich in der Sozialen Praxis, Bd. 30, 1921, Heft 46, S. 1215) meine Bestrebungen erfaßt, der sagt, mein Grundriß unterscheide sich von anderen Arbeiten dadurch, „daß *Zizek* sich bemüht, die statistische Theorie, wenn ich mich so ausdrücken darf, auf einen Generalnenner zu bringen und nicht, wie es bisher mehr oder weniger der Fall war, eine Darstellung der Theorien der einzelnen Statistiken zu geben". *Pfennig* (Stuttgarter Neues Tagblatt vom 30. Sept. 1921) bemerkt: „Wir werden mit einer großen Zahl von neuen oder neuartig gefaßten Begriffen bekannt gemacht."

Für die Weiterentwicklung der allgemeinen statistischen Methodenlehre scheint es mir zurzeit am wichtigsten, ganz genau zu untersuchen, wie wir auf den verschiedenen Einzelgebieten der statistischen Praxis vorgehen und gleichzeitig eifrig danach zu streben, das Gleichartige und Gemeinsame in unseren Methoden herauszuschälen. Wir müssen meines Erachtens das logische Wesen der statistischen Methode sozusagen von innen heraus noch besser studieren, und so eine inhaltsreichere allgemeine statistische Methodenlehre aufbauen. In diesem Sinne geht meine Arbeitsweise — wenn ich es erwähnen darf — in erster Linie von den einzelnen statistischen Erhebungen selbst aus, aber mit der Tendenz ins Generelle. Hatte sich z. B. das Verfahren der „Fortschreibung" bei den Volkszählungsergebnissen, bei dem Bestand der Aktiengesellschaften und bei jenem der Wohnungen gefunden, so konnte ein allgemeiner Begriff der „Fortschreibung" aufgestellt werden; nachdem sich gezeigt hatte, daß die Unterscheidung von „Personen" und „Fällen" in zahlreichen Zweigen der Statistik auftritt, konnten alle einschlägigen Erscheinungen auf eine kleine Zahl von allgemeinen Kategorien zurückgeführt werden; nachdem ich gesammelt hatte, wie sich verschiedene Zweige der Statistik bei der Bearbeitung von „Merkmalen mit Häufungsmöglichkeit" — in verschie-

[4]) Brieflich hat mir *W. Winkler* mitgeteilt — ich erwähne dies hier mit seiner Zustimmung —, er hätte bei dieser Beurteilung meinen Grundriß vor allem mit meinen „Statistischen Mittelwerten" verglichen; d i e s e n g e g e n ü b e r bringe der Grundriß an allgemeiner Methodenlehre nicht viel neues. Natürlich halte ich mich in manchen Fragen an meine eigene frühere Schrift; der Kreis der behandelten Fragen ist jedoch im Grundrisse ein außerordentlich viel weiterer.

dener Weise — behelfen, gelang es auch da, eine bestimmte Zahl grundsätzlich möglicher Lösungen festzustellen; nachdem ich auf verschiedenen Gebieten die Beobachtung gemacht hatte, daß häufig Gliederungs- und Beziehungszahlen auftreten, die einander äußerlich ähnlich sind, aber doch ganz verschiedenes besagen, konnte ich schließlich die Beziehungen zwischen diesen beiden Arten von Verhältniszahlen allgemein kennzeichnen[5]), usw. Natürlich konnte ich nur schrittweise im Laufe der Jahre vorwärts kommen und war Voraussetzung, daß ich mich immer wieder mit allen Einzelzweigen der Statistik beschäftigte.

B. „Theorie von den vier entscheidenden Begriffen."

Was ich hier jetzt mit diesem Kennwort bezeichnen möchte, ist eine spezifische Eigentümlichkeit meiner Methodenlehre im Rahmen meiner Auffassung von allgemeiner und besonderer Methodenlehre. Um mich mit der Kritik auseinandersetzen zu können, muß ich diese meine Theorie kurz wiedergeben. Ich fand zunächst auf zahlreichen statistischen Einzelgebieten, daß, was eine statistische Zahl eigentlich besagt, davon abhängig ist, wie bei ihrer Gewinnung die Erhebungseinheit und die betreffenden Erhebungsmerkmale verstanden worden sind, wie die betreffenden Gruppen (Teilmassen) abgegrenzt wurden, worin die über die betreffenden Gruppen — zu ihrer Charakterisierung — gemachte Aussage besteht; nur wer dies alles genau weiß, kann eine statistische Zahl richtig verstehen und richtig beurteilen. Auf Grund dieser Beobachtungen kam ich zu dem allgemeinen Satz, daß die statistischen Zahlen von den bei ihrer Gewinnung zugrunde gelegten Begriffen abhängig sind — denn die Statistik erfaßt die Wirklichkeit mit Hilfe einer Anzahl von Begriffen, die sich zwischen den statistischen Forscher und die Wirklichkeit einschieben — und zwar ist meines Erachtens jede statistische Zahl bestimmt (determiniert) durch die vier Begriffe der bei der betreffenden konkreten Statistik zugrunde gelegten Erhebungseinheit, des betreffenden Erhebungsmerkmals, der betreffenden Gruppe (ihrer Abgrenzung, ihrem Umfang nach) und der betreffenden Aussage (über die betreffende Gruppe). Eine statistische Zahl ist meines Erachtens durch diese Begriffe in ähnlicher Weise bestimmt, wie geometrische Gebilde bestimmter Art durch gewisse Größen — z. B. ein Rechteck durch die Länge der beiden Seiten — determiniert werden; ändert sich bei der Gewinnung der betreffenden statistischen Zahl auch nur einer der vier maßgebenden Begriffe, so ändert sich auch das zahlenmäßige Ergebnis und dessen Sinn. Die vier entscheidenden Begriffe sind ferner meines Erachtens etwas ähnliches wie die „Bestimmungsgründe" des Preises, der Lohnhöhe usw. in der theoretischen Nationalökonomie. Ein Beispiel: die Angabe, daß es bei der letzten deutschen landwirtschaftlichen Betriebszählung vom

---

[5]) Mein Aufsatz „Zur Methode der statistischen Verhältniszahlen" im Allg. Stat. Archiv, 12. Bd. 1920, war in diesem Punkt (S. 240) noch unvollständig; erst in der 2. Auflage des Grundrisses, S. 145, ist die Lösung gegeben, die ich noch zur Zeit für richtig halte.

12. Juni 1907 3,4 Millionen Parzellenbetriebe gab, ist nur verständlich, wenn man zunächst weiß, was bei der Erhebung unter der Erhebungseinheit „landwirtschaftlicher Betrieb“ verstanden wurde (hierzu gehört auch die Kenntnis des Stichtags der Zählung, denn nur die an diesem Tag vorhandenen Betriebe wurden gezählt); ferner muß das an den Erhebungseinheiten ermittelte Erhebungsmerkmal (nach dem die Betriebe in Größenklassen eingeteilt wurden) bekannt sein: die Größe der zum Betrieb gehörigen landwirtschaftlichen Fläche (nicht etwa die Größe der gesamten Fläche des Betriebs); sodann muß bekannt sein, wie die Gruppe (Teilmasse, Größenklasse) der „Parzellenbetriebe“ umgrenzt wurde: Betriebe unter 2 ha landwirtschaftlicher Fläche; schließlich ist von Wichtigkeit, worin die Aussage über die Gruppe der Parzellenbetriebe besteht; hier relativ einfach: die absolute Zahl der auf die Gruppe entfallenden Erhebungseinheiten (es könnte aber z. B. auch der Prozentsatz von allen Betrieben oder die auf die Gruppe der Parzellenbetriebe insgesamt entfallende landwirtschaftliche Fläche angegeben sein).

Es ist nun für die Statistik charakteristisch — in gewissem Sinn liegt darin eine Tragik —, daß auf den meisten Anwendungsgebieten bei der Begriffsbildung in verschiedener Weise vorgegangen werden kann — es kann die Erhebungseinheit (z. B. der gewerbliche Betrieb, die Wohnung) verschieden definiert werden, es können Erhebungsmerkmale (z. B. die Größe der Wohnungen oder die Größe der Streiks) verschieden aufgefaßt, es können Gruppen verschieden abgegrenzt, es können Aussagen verschiedener Art gemacht werden — ich spreche da von einer gewissen „Willkür“ in der Statistik — und hierauf führte ich die Erscheinung zurück, daß so häufig der statistische Konsument eine bestimmte Ziffer, deren er benötigt, nicht findet, obwohl eine Statistik über die betreffende Erscheinung vorhanden ist; diese legt jedoch andere Begriffe zugrunde, als vom statistischen Konsumenten bei seiner Fragestellung zugrunde gelegt werden. Die verschiedenen Begriffsdefinitionen sind sodann die Ursache, daß statistische Zahlen sich so häufig widersprechen: tatsächlich reden sie nur aneinander vorbei, denn auf verschiedenen Begriffen beruhende Zahlen können grundsätzlich gar nicht übereinstimmen. Diese meine Auffassungen sind in den „Fünf Hauptproblemen“ näher ausgeführt, sie beherrschen aber auch den ganzen „Grundriß“. In diesem werden einerseits in fast jedem Abschnitt des besonderen Teils die Begriffe, die der betreffenden Statistik zugrunde liegen, mit den daraus sich ergebenden Konsequenzen dargelegt und eventuell kritisiert (z. B. im Abschnitt über die gewerbliche Betriebsstatistik der Begriff des gewerblichen Betriebs, der Begriff der Betriebsgröße — nach der Zahl der beschäftigten Personen —, die Begriffe der Gewerbezweige und der Aussagen — Zahl der Betriebe, der beschäftigten Personen, der Pferdestärken — über die einzelnen Gewerbezweige; andererseits wird im Grundriß die Wichtigkeit der Begriffsbildung für die einzelnen Statistiken auch in der allgemeinen Methodenlehre erörtert, namentlich in den Paragraphen über die Erhebungseinheit, über die Erhebungsmerkmale und über die Gruppierung des Erhebungsmaterials.

Die Besprechungen des „Grundrisses“ haben sich mit meiner „Theorie von den vier entscheidenden Begriffen“, wie ich sie jetzt kennwortartig nennen möchte, die in dieser Schrift zwar wirksam war, aber nirgends zusammenfassend formuliert auftrat, nicht beschäftigt. Diese Theorie herauszuschälen und ausdrücklich zur Diskussion zu stellen, war dann der Zweck der „Fünf Hauptprobleme“. Die Besprechungen dieser Schrift haben, soweit sie nicht lediglich referierten, meist zustimmend mein Postulat hervorgehoben, daß jeder Statistik eindeutige Begriffe zugrunde liegen müssen; so z. B. *v. Bortkiewicz* (Deutsche Literaturzeitung Nr. 48/49 vom 17. Dez. 1922), *Eulenburg* (Sozialwissenschaftl. Literaturblatt, Januar 1923), *Maximilian Meyer* (Conrads Jahrbücher, 3. Folge, 65. Bd. S. 86), *S. Schott* (DStZ. 1922 S. 117). Es hat sich jedoch kein Rezensent ausdrücklich mit der Frage beschäftigt, ob es in der Tat auf die vier von mir als entscheidend angeführten Begriffe — und nur auf diese — ankommt, ob das die wirklichen Bestimmungsstücke der statistischen Zahl sind.

Gewisse Vorbehalte machten *E. I. Gumbel* (Archiv für Sozialwissenschaft und Sozialpolitik, 50. Bd. 1923, S. 835) und *W. Winkler* (Zeitschr. f. Volkswirtschaft und Sozialpolitik, Wien, N. F., 2. Bd. 1922 S. 815). *Gumbel* wendet sich gegen meine Bemerkung, das Eigentümliche der Statistik seien nicht die Zahlen, sondern die eigenartigen Begriffe, auf welche sich diese Zahlen beziehen[6]). Alle Wissenschaften haben, nach *Gumbel,* ihre Definitionen; „aber das Wesen keiner Wissenschaft erschöpft sich in diesen Begriffsaufstellungen; es besteht vielmehr in den positiven Aussagen über diese Begriffe, und die sind eben in der Statistik zahlenmäßig“. Allein so wie alle Wissenschaften ihre Definitionen haben, so operieren auch viele Wissenschaften — und nicht nur die Statistik — mit Zahlen. Vielleicht habe ich in dem in Rede stehenden Satz, im Eifer möglichst eindringlich zu sein, etwas über das Ziel geschossen. Zweifellos gehören sowohl Begriffe als auch Zahlen zur Statistik — und noch manches andere! Daran erinnert *Wilhelm Winkler,* wenn er sagt, das Wesen des statistischen Verfahrens auf einige Begriffe zurückzuführen sei nicht möglich, „schon darum, weil das innere Wesen des statistischen Verfahrens nicht durch die erwähnten formalen sondern durch materielle Gesichtspunkte (Gesetz der großen Zahl, Prinzip der Gleichartigkeit der Massen u. dgl.) bestimmt wird. Es wäre vorsichtiger und zutreffender gewesen, sich auf die Behauptung zu beschränken, daß durch die erwähnten methodischen Formen die ‚statistische Problemstellung‘ festgelegt werde.“

Auch dieser Einwand trifft nicht das, was ich eigentlich wollte und tat, sondern wie ich dies gelegentlich bezeichnete. Selbstredend: das statistische Verfahren besteht nicht nur in der Bildung gewisser Begriffe; es besteht vor allem darin, daß an ein geeignetes Objekt —

---

[6]) Diese meine Behauptung bezeichnet auch *v. Bortkiewicz* als unhaltbar.

an eine Massenerscheinung — in der Weise herangetreten wird, daß die Einheiten derselben ins Auge gefaßt werden — wobei dann die „Erhebungseinheit“ definiert wird —, ferner darin, daß gewisse Merkmale der Erhebungseinheiten beobachtet und verzeichnet werden — wobei die Merkmale begrifflich klargestellt werden müssen (ist diese Person in einem bestimmten Sinne berufstätig, bzw. in einem bestimmten Sinn arbeitslos, ist dieser Streik ein „Angriffs“- oder „Abwehrstreik“, welchen Wert in einem bestimmten Sinne des Wortes hat diese Ausfuhrsendung). Das Wesen der Statistik besteht sodann darin, daß Gruppen überhaupt gebildet werden, und daß überhaupt zahlenmäßige Aussagen zur Charakterisierung dieser Gruppen gewonnen werden; aber auch hier tritt wieder Begriffsbildung ein. Diese begleitet also das statistische Verfahren durch alle Stadien und zwar nicht etwa einem bedeutungslosen Schatten gleich, sondern als konstitutives Moment, als integrierender Bestandteil des Verfahrens, der solche Wichtigkeit besitzt, daß er Größe und Sinn jeder statistischen Zahl bestimmt. Und das wollte ich — namentlich in den „Fünf Hauptproblemen“ — in genereller Fassung darlegen und besonders unterstreichen. Von meiner Feststellung der Wichtigkeit der statistischen Begriffe sagt *Wilhelm Winkler* „diese Feststellung ist zwar nicht neu, aber ihre systematische Durchführung, wie sie der Verfasser hier vornimmt, ist jedenfalls von Nutzen und erzieherischem Wert“. Gewiß, man hat auf zahlreichen Einzelgebieten die Wichtigkeit dieses oder jenes Begriffes schon lange erkannt und erörtert, aber es ist mir nicht bekannt, daß auch nur auf irgendeinem Teilgebiet die vier von mir hervorgehobenen Begriffe (Begriff der Erhebungseinheit usw.) als die maßgebenden — mit den Konsequenzen hinsichtlich der Vergleichbarkeit, der scheinbaren Widersprüche usw. — genannt worden seien; ferner liegt ja gerade in der auch von *Wilhelm Winkler* anerkannten „systematischen Durchführung“, in der — wie ich es nennen möchte — „Erhebung in die höhere Sphäre der allgemeinen Methodenlehre“ an sich etwas Neues, so wie ein Gebäude neu ist, auch wenn das Baumaterial schon früher vorhanden war. *Schott* äußert sich in seiner Besprechung der „Fünf Hauptprobleme“ (DStZ. 1922 Nr. 7/8 S. 118) zu diesem Punkt: „Man mag verschiedener Meinung darüber sein, ob wirklich alle Unvollkommenheiten statistischer Arbeit ungezwungen auf den gleichen Nenner gebracht werden können, wird es aber doch dankbar begrüßen dürfen, daß die bisher meist im Feuilletonstil beliebte Behandlung dieser Unvollkommenheiten und Schwächen hier einmal durch einen systematischen Darstellungsversuch ersetzt worden ist. Wichtiger noch will uns scheinen, daß *Zizek* nachdrücklich auf die Wichtigkeit der Begriffsschmiedekunst für die Statistik hinweist, nachdem lange genug die mathematische Ziselierung fast alle Aufmerksamkeit für sich in Anspruch genommen hat.“ Zu *Schotts* letzten Worten — und zu einem die mathematische Statistik erwähnenden Satze *Gumbels* — möchte ich übrigens bemerken, daß zwischen meiner Behandlungsweise und der mathematischen Statistik natürlich keinerlei Gegensatz besteht, da sich letztere mit den Verfahren der Gewinnung statistischer Zahlen (Erhebung, Bearbeitung des Erhebungsmaterials) fast gar nicht beschäftigt, sondern hauptsächlich die Beziehungen der gegebenen statistischen Zahlen untereinander — z. B. ihre Streuung, ihre Korrelation — untersucht.

C. Verhältnis zwischen allgemeiner und besonderer Methodenlehre, namentlich hinsichtlich der Begriffsbildung.

Für die Erörterung dieses Themas bieten gewisse anregende Bemerkungen *Wilhelm Winklers* und *Wilhelm Felds* eine gute Grundlage. *W. Winkler* wendet sich in seiner Besprechung meiner „Fünf Hauptprobleme" gegen meine Ausführungen von der statistischen „Willkür" bei der statistischen Begriffsbildung. Diese Willkür sei in Wirklichkeit nicht vorhanden; der Statistiker habe allerdings manchmal die Wahl zwischen verschiedenen Problemstellungen — und daher Begriffsbildungen —, aber er treffe diese Wahl nicht nach Willkür, sondern nach dem von ihm verfolgen Zweck. „Hat er sich entschieden, so gibt es in der Regel nur einen besten, daneben allerdings praktisch mehrere weniger gute aber oft leichter gangbare Wege." Das ist meines Erachtens vollkommen richtig vom Standpunkt einer bestimmten einzelnen Statistik. Wenn in einem Land z. B. eine statistische Klassifikation der Berufe (eine systematische Berufsliste) aufgestellt wird, so wird der Verfasser derselben sich gewiß durch bestimmte Gründe leiten lassen, die Gruppen in einer bestimmten Art und Weise und nicht anders zu bilden und aufzubauen. Nun zeigt sich, daß die Berufsklassifikationen verschiedener Länder sehr stark voneinander abweichen; in jedem Lande hatte man — wir müssen es wohl annehmen — besondere Gründe für die nationale Prägung; wenn wir die Klassifikationen der verschiedenen Länder aber nebeneinander stellen, so sind wir kaum mehr in der Lage, die jeder einzelnen Gestaltung zugrunde liegenden Erwägungen und Motive (es spielen übrigens doch auch häufig subjektive Auffassungen der leitenden Statistiker eine Rolle) zu erkennen, und schon auf dem Gebiete der Methodik eines einzelnen statistischen Zweiges zeigt sich das Bild einer solchen Mannigfaltigkeit verschiedener Begriffsbildungen, daß der Eindruck einer gewissen „Willkür" entsteht. Aber es ist natürlich die Aufgabe der besonderen Methodenlehre der einzelnen Zweige der Statistik, Vorzüge und Mängel der verschiedenen Begriffsbildungen (im in Rede stehenden Fall der verschiedenen Berufsgruppen, in ihrer begrifflichen Umgrenzung) mit Rücksicht auf die in Frage kommenden materiellen Forschungsziele zu untersuchen und die besten Definitionen bereit zu stellen; allerdings ist es in manchen Einzelzweigen nicht leicht, den Sinn der in Frage kommenden Begriffsbildungen ganz zu erfassen. Was nun schon im Einzelzweige leicht den Eindruck der „Willkür" erweckt, potenziert sich, wenn wir das weite Feld der gesamten Statistik vom höheren Standpunkt der „allgemeinen Methodenlehre" betrachten. Da sehen wir fast unzählige Divergenzen in den gebildeten Begriffen und es ist gleichzeitig nicht mehr die Aufgabe der allgemeinen Methodenlehre, die Verknüpfung der einzelnen Begriffsdefinitionen mit bestimmten materiellen, sozialwissenschaftlichen Forschungszielen und Problemstellungen im Auge zu behalten. Diese Situation wollte ich vom Standpunkt der allgemeinen Methodenlehre mit dem Ausdruck statistische „Willkür" (in der Begriffsbildung) kennzeichnen. Der Ausdruck „Willkür" ist vielleicht in der Tat etwas irreführend, ich habe ihn daher auch in den „Fünf Hauptproblemen" durchweg in Anführungszeichen („Willkür") gebraucht[7][8].

Wilhelm Feld hat in der Abhandlung „Statistische Methodenlehre?" (Jahrb. für Nationalökonomie und Statistik, Bd. 120, 3. Folge, Bd. 65 1923 Heft 2 S. 136ff.) die Befürchtung ausgesprochen, meine „Fünf Hauptprobleme" könnten „ohne es zu wollen, die statistische Methodenlehre gar leicht in eine bedenkliche Richtung drängen, wenn diese über das Ziel hinaus oder daran vorbei sich entwickelt, das *Zizek* vorzuschweben scheint"; es könnte — meint *W. Feld* — eine Methodenlehre entstehen, die allgemeine Regeln abstrahiert, welche nicht genügend auf die individuellen Eigenheiten und Bedürfnisse der einzelnen Sachgebiete eingehen. *W. Feld* betont sodann: große Teile der statistischen Methodik lassen sich nur „aus der unmittelbaren stofflichen Verarbeitung eines ganz konkreten Zahlenmaterials und nur für dieses bestimmte Sachgebiet entwickeln"; welche Merkmale im konkreten Fall zu erheben, in welche Gruppen die Aussagen am besten zusammenzufassen seien, könne nur auf Grund der sachlichen Problemstellungen der einzelnen Sachgebiete entschieden werden. Die Vertreter der statistischen Methodenlehre müßten sich in die Materien der einzelnen Sachgebiete vertiefen, „mit einer solchen Einstellung auf die unmittelbaren Bedürfnisse der konkreten Sachgebiete wäre allerdings eine statistische ‚Methodenlehre' sehr erwünscht und wichtig". Alles dies ist meines Erachtens vollkommen richtig, gilt aber

---

[7]) Zu diesem Punkte der statistischen „Willkür" möchte ich, auf die „Fünf Hauptprobleme" bezugnehmend, darauf hinweisen, daß zur „Willkür" in der Begriffsbildung noch eine analog zu verstehende „Willkür" bei der Auswahl der Vergleichsmaßstäbe und die Möglichkeit einer gewissen „Willkür" bei der Deutung gewisser Zahlenergebnisse (Konstanz oder Entwicklungstendenz einer zeitlichen Reihe, Korrelation zweier Größen) hinzutreten; auch bei graphischen Darstellungen eröffnet sich einer gewissen „Willkür" ein weiter Spielraum.

[8]) Dem Einspruch *W. Winklers* dagegen, daß in der Statistik überhaupt von „Willkür" gesprochen werde, stehen folgende Ausführungen *Tschuprows* in seiner Besprechung meiner „Fünf Hauptprobleme" (Nordisk Statistisk Tidskrift, Bd. 2 1923 S. 165) gegenüber: „Der Verfasser hätte die Willkür, welche jeder schöpferischen Formungsarbeit innewohnt, als Ausgangspunkt der Betrachtungen schärfer hervorheben sollen, um erst auf dieser Grundlage näher auszuführen, in welcher Weise sich die Willkür auf den verschiedenen Stufen der statistischen Forschung kund zu geben vermag. Hierdurch wäre auch den apologetischen Absichten des Verfassers besser gedient: der Leser würde sich überzeugen, daß eine gewisse Willkür in der Gestaltung des Verfahrens nichts der statistischen Forschung eigentümliches, sondern dem statistischen Forschungsverfahren mit jeder, die Wege zum angestrebten Ziel planmäßig wählenden Vorgangsweise (das naturwissenschaftliche Experiment!) gemeinsam ist. Bei der jetzigen Darstellung bleibt hingegen der Eindruck bestehen, als solle der Statistik in dieser Hinsicht eine bevorzugte Stellung zukommen."

nur für die besondere Methodenlehre. Es ist ja gerade das Wesen der „besonderen" Methodenlehre, daß sich auf ihrem Boden die methodologischen Möglichkeiten und die sachlichen, materiellen (ökonomischen und sonstigen sozialen) Probleme der einzelnen Forschungsgebiete treffen, da müssen die der sachlichen Zielsetzung adäquaten Methoden ausgewählt, die der zu beleuchtenden Erscheinung angepaßten Begriffe — der Erhebungseinheit, der Erhebungsmerkmale, der Gruppen, der Aussagen über die Gruppen — gebildet werden[9]). Die besondere Methodenlehre, z. B. der Handelsstatistik, wird vor allem klarstellen, nach welchen Richtungen der auswärtige Handel aus Gründen des wirtschaftswissenschaftlichen Interesses statistisch gekennzeichnet werden soll, z. B. ob außer den Mengen auch die Werte von Wichtigkeit sind, und sie wird die Methoden erwägen, wie die charakteristischen Angaben, z. B. richtige Wertangaben, gewonnen werden können. Auf dem Gebiet der besonderen Methodenlehre wird die Statistik natürlich auch mit den die gleichen Forschungsobjekte behandelnden sonstigen Sozialwissenschaften in Verbindung treten, um deren Wünsche zu hören, um deren Begriffe, soweit möglich, zu verwerten; die verschiedenen Zweige der Wirtschaftsstatistik werden natürlich die entsprechenden Zweige der Nationalökonomie konsultieren, die Bankstatistik die Banklehre, die Finanzstatistik die Finanzwissenschaft, die Kriminalstatistik die Strafrechtswissenschaft. Die Begriffe der anderen Wissenschaften reichen aber allerdings häufig für die statistischen Zwecke nicht aus; die nationalökonomischen Begriffe des Betriebs, des Streiks, die Begriffe Haus, Wohnung, Haushaltung, die wirtschaftskundlichen Begriffe der Berufs- und Gewerbezweige sind nicht präzis genug, es müssen besondere ganz genau definierte statistische Begriffe gebildet werden.

Außer der in viele Abschnitte zerfallenden besonderen Methodenlehre brauchen wir aber doch auch eine allgemeine Methodenlehre, welche die Begriffe der statistischen Verfahrensarten und Ausdrucksmittel in genereller Fassung bildet, welche allgemeine Kategorien und Lehrsätze aufstellt. Die allgemeine Methodenlehre unterschätzt *W. Feld* wesentlich, wenn er meint, „es dürfte sich die allgemeine statistische Methodenlehre, nachdem sie die paar überhaupt möglichen allgemeinen Regeln zur Genüge abgeleitet und systematisiert habe, bald zur Unfruchtbarkeit oder Oberflächlichkeit verurteilt sehen". (In einer Fußnote berichtigt sich *W. Feld* allerdings dahin, er hätte sich nachträglich durch persönliche Aussprache mit dem Schreiber dieser Zeilen überzeugt, daß die allgemeine Methodenlehre doch erheblich zahlreichere Fragen zu bearbeiten habe, als er zunächst angenommen hätte.) Die allgemeine Methodenlehre ist unseres Erachtens das

---

[9]) Ich stimme da offenbar mit *Wilhelm Winkler* im wesentlichen ganz überein, der von der „auf einzelnen Wissensgebieten angewendeten Methodik" sagt: „Diese kommt so zustande, daß die Grundsätze der reinen Verfahrenslehre mit den Gesichtspunkten des zu untersuchenden Wissensgebietes eine Verschmelzung eingehen, woraus neue Wissensgebiete, die theoretische Bevölkerungsstatistik, die theoretische Wirtschaftsstatistik, hervorgehen" (Zeitschr. für Volkswirtschaft und Sozialpolitik, Wien, Neue Folge, 2. Bd., 1922 S. 149).

höchststehende und wertvollste Teilgebiet der Statistik und ihr Ausbau daher besonders wichtig. Sie deckt die gemeinsamen Wesenszüge der auf den Einzelgebieten vielfach unabhängig voneinander zur Anwendung gelangenden Methoden auf, sie schafft auf Grund der auf einzelnen Anwendungsgebieten der statistischen Methoden erzielten methodologischen Fortschritte über den Einzelzweigen stehende allgemeine Lehrsätze, die wieder allen Einzelzweigen zugute kommen. Sie befruchtet alle Einzelzweige und sie verbindet sie; sie lehrt die Einzelzweige der Statistik als etwas dem Wesen des Verfahrens nach gleichartiges erkennen. Sie hat den größten pädagogischen Wert auch für die Praxis. Wenn jetzt vielfach gesagt wird, wer einen oder einige Zweige der Statistik gründlich beherrsche, werde sich auch auf anderen Gebieten leicht und bald zurecht finden, so gilt dies viel mehr noch für jenen, der die allgemeine Methodenlehre beherrscht; der erstgenannte — der einen oder einige Zweige der Statistik gründlich kennt — ist nur deshalb auch für andere Zweige vorbereitet, weil und soweit er aus seinen speziellen Kenntnissen schon selbst intuitiv gewisse allgemeine Regeln abgeleitet hat.

Felds oben erwähnte Befürchtung, meine „Fünf Hauptprobleme" könnten die statistische Methodenlehre in die bedenkliche Richtung drängen, allgemeine Regeln zu abstrahieren, die nicht genügend auf die Eigenheiten und Bedürfnisse der einzelnen Sachgebiete eingehen, ist offenbar hauptsächlich dadurch entstanden, daß *Feld* allgemeine und besondere Methodenlehre und deren verschiedene Aufgaben nicht genügend auseinander hält. Wenn er dabei meine eben zitierte Schrift teilweise mißversteht, so liegt allerdings die Schuld auch in einem gewissen Maße bei mir, da ich in dieser Schrift lediglich von Methodenlehre schlechthin spreche, ohne zu präzisieren, ob ich die allgemeine oder die besondere meine. Aber wenn ich — um die von *Feld* bezogene Stelle heranzuziehen — auf S. 38 die Hoffnung ausspreche, statistische Vergleichbarkeit durch Verbesserung der statistischen Methodenlehre zu erzielen, so ist natürlich nur die besondere Methodenlehre gemeint, diese soll für jedes Einzelgebiet die besten Begriffsbildungen nachweisen, die dann von den Statistikern z. B. der verschiedenen Länder angenommen werden sollen — so z. B. wie auf Grund methodologischer Erwägungen die meisten Länder ihren Volkszählungen den Begriff der ortsanwesenden Bevölkerung als den als zweckmäßigsten anerkannten, zugrunde legen, oder so wie der Pariser Internationale Statistische Kongreß vom Jahre 1909 eine Definition des Begriffs „blind" aufgestellt hat, welche die Statistiken aller Länder akzeptieren sollen, oder so wie kürzlich eine internationale Klassifikation der Warengattungen für die Handelsstatistiken der meisten Länder vereinbart wurde (Brüsseler Konvention). Die tatsächliche Prägung der von mir in den Vordergrund gerückten „vier maßgebenden Begriffe" vollzieht sich natürlich immer auf dem Gebiet der besonderen Methodenlehre der Einzelzweige der Statistik; es war aber Sache der allgemeinen Methodenlehre, in grundsätzlicher allgemeiner Form nachzuweisen, daß jede statistische Zahl auf diesen vier Begriffen beruht, und welche Wichtigkeit und welche Konsequenzen es hat, wie diese Begriffe geprägt werden; meine „Fünf Hauptprobleme“ sind daher allgemeine Methodenlehre, sprechen aber häufig von der besonderen Methodenlehre der statistischen Einzelzweige.

Auf Grund dieser Auseinandersetzung mit *Feld* wird nun auch das Verhältnis zwischen den statistischen Begriffen der allgemeinen und jenen der besonderen Methodenlehre ganz klar. Die allgemeine Methodenlehre definiert allgemein, „in genereller Fassung“, z. B. was Erhebungseinheiten sind, sie gibt also den allgemeinen Begriff der Erhebungseinheit, sie weist ferner nach, daß es bei jeder einzelnen statistischen Untersuchung notwendig ist, die Erhebungseinheit klar (räumlich, zeitlich und sachlich) zu definieren, und sie zeigt auf, nach welchen Richtungen die Art und Weise der Definition der Erhebungseinheit Konsequenzen hat — alles das mit Beispielen aus den verschiedenen Einzelzweigen. Ganz anders die besondere Methodenlehre der Einzelzweige: sie behandelt — um beim Beispiel der Erhebungseinheiten zu bleiben — die im betreffenden Einzelzweige tatsächlich auftretenden Begriffsdefinitionen der betreffenden Erhebungseinheiten; die Methodik der gewerblichen Betriebsstatistik behandelt also den Begriff des gewerblichen Betriebs, die Methodik der Volkszählungen die Begriffe der ortsanwesenden und der Wohnbevölkerung, die Wohnungsstatistik den Begriff der Wohnung usw. Dabei ist sich die besondere Methodenlehre — im Sinn der Lehren der allgemeinen Methodenlehre — jeweils der Notwendigkeit und der Wichtigkeit der Begriffsbildung bewußt und sie erörtert die verschiedenen zur Wahl stehenden Begriffsbildungen kritisch mit Bezugnahme auf die methodologischen Empfehlungen und Warnungen der allgemeinen Methodenlehre und mit Rücksicht auf die in Frage kommenden materiellen (ökonomischen und sonstigen sozialen) Probleme. Und ähnlich ist das Verhältnis bei den Erhebungsmerkmalen, bei den statistischen Gruppen und den statistischen Aussagen. Natürlich umfaßt die allgemeine Methodenlehre auch zahlreiche allgemeine Begriffe — z. B. von Verfahrensarten —, denen in der besonderen Methodenlehre nicht konkrete Spezialbegriffe, sondern einfach die konkrete Durchführung — z. B. des durch den allgemeinen Begriff gekennzeichneten Verfahrens — entspricht: die allgemeine Methodenlehre definiert z. B., was sekundäre Statistik ist, auf zahlreichen Einzelgebieten wird tatsächlich in einer diesem allgemeinen Begriffe entsprechenden Weise vorgegangen; oder die allgemeine Methodenlehre definiert den „dichtesten Wert“, auf zahlreichen Einzelgebieten werden dichteste Werte tatsächlich berechnet[10]).

[10]) In der Rechtswissenschaft haben wir eine ähnliche Situation: Da gibt es allgemeine Begriffe des Vertrags, des Testamentes usf., im einzelnen Falle erhält der Vertrag, erhält das Testament seinen konkreten Inhalt.

D. Einheitlichkeit der gesamten Statistik.

Im Vorwort meines Grundrisses stellte ich fest, daß es bisher an der wünschenswerten Einheitlichkeit der gesamten Statistik fehlte. Von den vorhandenen Gesamtdarstellungen behauptete ich: „In der ‚Theorie' wurden gewisse allgemeine Gesichtspunkte dargelegt, jeder Einzelzweig aber mehr oder weniger selbständig behandelt; so schien die Theorie wenig praktische Bedeutung zu besitzen, und die Praktische Statistik zerfiel in eine große Zahl von scheinbar ganz heterogenen und selbständigen Einzeluntersuchungen (über die Bevölkerung, die Selbstmorde, die gewerblichen Betriebe, die Preise, die Einkommen, die Wahlen usw.); daß diese Einzeluntersuchungen Anwendungsfälle der nämlichen methodologischen Grundsätze sind, wurde zwar offenbar präsumiert, aber im einzelnen nicht genügend berücksichtigt." Diesen Zustand führte ich darauf zurück, daß die allgemeine Methodenlehre, welche die einheitliche Grundlage für die Behandlung der besonderen methodologischen Probleme der Einzelzweige bilden soll, noch zu wenig entwickelt sei. Ein Bild der bisherigen verschiedenartigen Behandlungsweise der einzelnen Teilgebiete bieten z. B. die — doch von den besten Fachvertretern stammenden — Artikel statistischen Charakters im Handwörterbuch der Staatswissenschaften. Aber auch wenn derselbe Autor verschiedene Zweige der Statistik behandelt, so charakterisiert er sie in der Regel ganz verschieden. Ich muß es natürlich der Kritik überlassen, zu entscheiden, ob mein Grundriß da einen Fortschritt bedeutet; jedenfalls war möglichst einheitliche Darstellung des ganzen Stoffes, also der allgemeinen Methodenlehre und der die besondere Methodik und die Hauptergebnisse materienweise verbindenden „Praktischen" Statistik (Bevölkerungs-, Wirtschaftsstatistik usw.) eines meiner Hauptziele. Alle Einzelzweige wurden an Hand der gleichen in der allgemeinen Methodenlehre verankerten Kriterien gekennzeichnet: Bestands- oder Bewegungsstatistik, primäre oder sekundäre Statistik, Erhebungseinheiten und Erhebungsmerkmale des betreffenden Einzelzweiges, Auskunftspersonen, Erhebungsorgane, Erhebungsformulare, Rechtsgrundlagen der Erhebung, Gruppenbildung und Art der Aussagen über die Gruppen, in den Ergebnissen etwa auftretende Regelmäßigkeiten, usw.; natürlich war besonders wichtig bei jedem Zweige darzulegen, wie die vier entscheidenden Begriffe gebildet werden. An die Spitze jedes Einzelzweiges war aber grundsätzlich (der Raummangel zwang natürlich zu Ausnahmen) die Kennzeichnung des betreffenden Forschungsobjekts und seiner materiellen (ökonomischen und sonstigen sozialen) Probleme zu stellen (Begriff und Wichtigkeit der Bevölkerung, Wesen und Wichtigkeit der Wanderungen, Bedeutung der Berufsgliederung, Wesen und Bedeutung der Emissionen, der Löhne usw.); denn die kritische Einstellung zu den Methoden des Einzelzweiges muß ja — außer von den Lehrsätzen der allgemeinen Methodenlehre — von den materiellen Forschungszielen ausgehen: es ist zu untersuchen, ob die tatsächlich angewandten Methoden diesen Zielen adäquat sind, es sind die mit Rücksicht auf das Forschungsobjekt zweckmäßigsten Methoden nachzuweisen. Dabei ist natürlich auch zu untersuchen, wie auf den betreffenden Gebieten die Erhebungseinheit am besten definiert wird, damit die ganze wirklich interessierende soziale Masse in ihren eigentlichen Elementen erfaßt wird, es ist zu untersuchen, welche Erhebungsmerkmale festgehalten werden müssen, damit die statistische Befragung die wirklich interessierenden Aufschlüsse beschafft, ferner welche Gruppen die bedeutsamsten, welche Aussagen die wertvollsten sind. Führt nun auch die Bedachtnahme auf die materiellen Probleme nach verschiedenen Richtungen zu den anderen Sozialwissenschaften, so sind doch, glaube ich, in meiner Darstellung alle Einzelzweige durch die Übereinstimmung in den methodologischen Kriterien untereinander und mit der allgemeinen Methodenlehre eng verknüpft, so daß ein geschlossenes — nicht etwa ein nach außen hin (den Sozialwissenschaften gegenüber) sich abschließendes — Lehrgebäude entsteht, mit inniger Wechselseitigkeit zwischen allgemeiner und besonderer Methodik. Auch zwischen verschiedenen Abschnitten der allgemeinen Methodenlehre untereinander konnten mehrfach die Zusammengehörigkeit festigende Analogien und Zusammenhänge herausgearbeitet werden, vgl. z. B. den gleichartigen Aufbau der Darstellung der primär- und der sekundär-statistischen Erhebung (wobei beim primär-statistischen Verfahren die „Einsammlung des Erhebungsmaterials“ als Analogon zum sekundär-statistischen „Besitzergreifungsverfahren“ besonders unterschieden wird), vgl. die Übereinstimmung der Einteilung der statistischen Reihen und der Einteilung des für eine Mittelwertberechnung in Frage kommenden Materials (Grundriß, 2. Auflage, S. 164 Anm.), vgl. auch die Darstellung (in der 2. Auflage) der verschiedenen Arten von statistischen Regelmäßigkeiten ganz im Anschluß an die Einteilung der statistischen Reihen. Auch in der materiellen Statistik ergaben sich gelegentlich aus der Beschaffenheit des Forschungsobjekts Möglichkeiten analogen Aufbaus (Vermögens- und Einkommensstatistik, Bank- und Sparkassenstatistik)[11]).

[11]) Eine Reihe von Rezensenten meines Grundrisses haben der Einheitlichkeit desselben Anerkennung gezollt. *Friedrich Zahn* sagt: „Dieser Grundriß bietet erstmals eine einheitliche Darstellung der theoretischen und praktischen Statistik“ (Literarisches Zentralblatt 1921 Nr. 44). *v. Bortkiewicz* äußert sich, „es gelingt ihm in der Tat die ‚Wechselseitigkeit zwischen allgemeinem und besonderem Teile‘ deutlich hervortreten und in diesem Sinne beide zusammen als ‚eine wirkliche Einheit‘ erscheinen zu lassen.“ (Dt. Lit. Zt. vom 10. Dez. 1921 S. 709). Ähnlich urteilt *Gerloff* (Literaturblatt der Frankfurter Zeitung vom 23. Juni 1922). Dagegen bemerkt *Schöne* (Ztschr. für die ges. Staatswissenschaften 76. Jahrg. Heft 4 S. 534) von meinem Bestreben, durch engste Wechselseitigkeit zwischen allgemeinem und besonderem Teil eine wirkliche Einheit zu erzielen: „Ein solches Ziel konnte sich nur näherungsweise verwirklichen lassen. Um es vollkommen durchzuführen, dazu würde eine viel weitergehende Durchbildung der Theorie der Statistik gehören als bisher tatsächlich erreicht ist. Solange viele grundlegende Fragen der Theorie völlig ungeklärt sind, kann schwerlich erwartet werden, daß eine einheitliche Darstellung der Theorie und ihrer praktischen Anwendung in dem angestrebten Maß möglich sein werde. Das kommt beim Durchblättern des neuen Werks mit aller Deutlichkeit zum Bewußtsein. So viel es im einzelnen erreicht, und wie nicht anders zu erwarten war, musterhaft zur Darstellung gekommen ist, als Gesamtwerk k a n n das Gebotene beim heutigen Stande der Theorie und gemessen an dem Ziele des Verfassers nicht restlos befriedigen“. „Der allgemeinen Methodenlehre wird im zweiten Teile des Werks eine materielle Statistik und spezielle

E. Beschränkung auf die Statistik der gesellschaftlichen Erscheinungen.

Daß eine einheitliche Darstellung der Ergebnisse aller Anwendungsgebiete der Statistik (gesellschaftswissenschaftliche, biologische, meteorologische, physikalische, sprachwissenschaftliche Statistik usw.) nicht in Frage kommen kann, braucht wohl nicht erst erörtert zu werden; ebenso hätte aber auch eine Aneinanderreihung der diversen besonderen Methodenlehren aller dieser Gebiete keinen Sinn[12]). Strittig kann nur die Frage sein, ob nicht eine alle — gesellschafts- und naturwissenschaftlichen — Anwendungsgebiete der statistischen Methode verwertende einheitliche allgemeine Methodenlehre anzustreben ist. *Wilhelm Winkler* hat in seiner Besprechung meines Grundrisses (Zeitschr. f. Volkswirtschaft und Sozialpolitik, Wien, N. F. 2. Bd. S. 350) bemerkt, ich ginge in der Begrenzung des Stoffes auf die Gesellschaftswissenschaften sogar weiter als *Georg v. Mayr,* indem ich auch die allgemeine statistische Methodenlehre auf die sozialwissenschaftliche Methodenlehre einschränke. An der Stelle, auf die *W. Winkler* Bezug nimmt (Grundriß 1. Aufl. S. 6/7, 2. Aufl. S. 7), habe ich zunächst gesagt: „Grundsätzlich hat die statistische Methodenlehre, wenn sie als ‚allgemeine Methodenlehre‘ generelles Wissen anstrebt, alle Anwendungsgebiete der statistischen Methode zu berücksichtigen, das Gebiet der statistischen Gesellschaftsforschung, der biologischen, anthropologischen, meteorologischen, medizinischen Statistik usw.“ Sodann habe ich die historische Entwicklung der allgemeinen Methodenlehre geschildert, die, wenn man von den mathematischen Statistikern absieht, tatsächlich in der Richtung der Verselbständigung einer besonderen sozialwissenschaftlichen allgemeinen Methodenlehre geht — neben besonderen Methodenlehren für biologische, meteorologische Statistik, usw. Ich habe mich in der Tat grundsätzlich auf den Boden dieser mir unvermeidlich erscheinenden Entwicklung gestellt, aber hinzugefügt: „Immerhin wollen wir dabei nicht vergessen, daß sozialwissenschaftliche und naturwissenschaftliche Statistik auf den gleichen Prinzipien beruhen, und daß die eine Richtung von der anderen lernen kann. So wurden die neuesten Fortschritte der statistischen Methode zum großen Teil innerhalb der naturwissenschaftlichen — insbesondere der biologischen — Statistik erzielt; diese Fortschritte müssen auch von den sozialwissenschaftlichen Statistikern nutzbar gemacht werden. Unser eigentliches Objekt soll aber doch die sozialwissenschaftlich orientierte statistische Methodenlehre bilden.“ Der angedeutete Differenzierungsprozeß wird aller Wahr-

---

Methodenlehre gegenübergestellt. Diese spezielle Methodenlehre ist nach *Zizek* „in unzählige Teilfragen“ zersplittert. Die Zusammenfassung bleibt also rein äußerlich, redaktionell. In den Einzelheiten oft vorzüglich, muß das ganze — notwendigerweise, wie oben angedeutet — manche Wünsche unerfüllt lassen.“

[12]) *Bleichers* Statistik (Sammlung Göschen, Bd. 746, 1915) enthält allerdings auch einen Abschnitt „Physikalische Statistik“, der aber im wesentlichen nur ein — auch den sozialwissenschaftlichen Statistiker interessierender — Bericht über die Anwendung der statistischen Methode in den verschiedenen Naturwissenschaften ist. Auch mein „Grundriß“ enthält einen Paragraphen ähnlichen Inhalts. (§ 3).

scheinlichkeit nach trotz *Winkler*s Widerstand und Gegenargumenten weitergehen. Eine alle — die sozialen und die naturwissenschaftlichen — Anwendungsgebiete gleichmäßig berücksichtigende allgemeine statistische Methodenlehre ist gewiß denkbar und auch wünschenswert; es erscheinen ja auch immer wieder solche Werke und zwar verfaßt von „mathematischen Statistikern"; ich erwähne nur z. B. *Czuber*s neue „Statistische Forschungsmethoden". Eine solche — im weitesten Sinne — allgemeine Methodenlehre kann sich aber nicht mit einer sozialwissenschaftlichen materiellen (praktischen) Statistik zu einer Gesamtstatistik verbinden; denn sie würde vom Standpunkte des sozialwissenschaftlichen Statistikers einerseits zu viel — nämlich aus den naturwissenschaftlichen Anwendungsgebieten — enthalten, andererseits könnte sie mit Rücksicht auf ihre naturwissenschaftlichen Interessenten auf vieles gar nicht eingehen, was in der sozialwissenschaftlichen Statistik — aber nur in dieser — von großer allgemeiner Wichtigkeit ist; solche der sozialwissenschaftlichen Statistik eigentümliche Probleme, die außerhalb derselben gar kein Analogon besitzen, sind z. B. die beste Art der Befragung der Bevölkerung, die sekundärstatistische Verwertung verwaltungsbehördlicher Aufzeichnungen, die Organisation der amtlichen Statistik u. dgl. So ist m. E. die Differenzierung nach besonderen Interessenkreisen in der allgemeinen statistischen Methodenlehre berechtigt, und namentlich brauchen wir eine sozialwissenschaftlich orientierte allgemeine statistische Methodenlehre[13]) — die aber trotzdem nicht unterlassen darf, sich auch methodologische Fortschritte, die auf anderen Anwendungsgebieten erzielt wurden, nutzbar zu machen[14]).

F. System der „Praktischen Statistik".

Die hierher gehörigen Probleme will *Tschuprow* in seiner Besprechung meines Grundrisses (Nordisk Statistisk Tidskrift Bd. 1 1922 Heft 2) überhaupt nicht als wissenschaftliche, sondern nur als „praktische — oder vielmehr literarische — Aufgaben" anerkennen; „ob man die Statistik der gesundheitlichen Verhältnisse als einen besonderen Abschnitt innerhalb der Bevölkerungsstatistik behandelt oder als einen der Bevölkerungsstatistik koordinierten selbständigen Teil des ganzen Systems aus ihr loslöst", ist eine Frage, der *Tschuprow* in seiner „ketzerischen Voreingenommenheit" „ziemlich verständnislos gegenübersteht". Schließlich müssen aber auch solche Fragen irgendwie — und zwar so zweckmäßig wie möglich — gelöst werden. Die übliche Einteilung ist die nach gewissen Kategorien sozialer Tatsachen, wobei in der Regel Bevölkerungs-, Moral-, Bildungs-, Politi-

---

[13]) Diese ist also der alle — natur- und sozialwissenschaftlichen — Anwendungsgebiete berücksichtigenden, im weitesten Sinne allgemeinen Methodenlehre gegenüber beschränkt allgemein, aber immerhin „allgemeine" Methodenlehre gegenüber den besonderen Methodenlehren der Einzelzweige der sozialwissenschaftlichen Statistik (Methodik der Volkszählungen, der Ernte-, der Handelsstatistik usw.).

[14]) Dies habe ich außer an der bereits zitierten Stelle (Grundriß 1. u. 2. Aufl. S. 7) auch daselbst S. 10 und 12 betont.

sche und Wirtschaftsstatistik unterschieden werden. Maßgebend ist dabei, welche Seite des gesellschaftlichen Lebens untersucht wird, welche „Ausdrucksformen des Gesellschaftslebens" (*Hesse*), welche „gesellschaftlichen Äußerungsformen" (*H. Wolff*) erforscht werden. Den üblichen Hauptabschnitten habe ich in meinem Grundriß als besonderen Teil die „Statistik der gesundheitlichen Verhältnisse" hinzugefügt, deren Material aber nicht etwa bisher schon, wie man nach *Tschuprows* Worten annehmen könnte, einen besonderen Abschnitt innerhalb der Bevölkerungsstatistik bildete, sondern sich bisher verstreut in der Bevölkerungsstatistik und anderen Hauptabschnitten der Statistik befand, teilweise überhaupt noch keinen Standort im System der Statistik hatte. Die erste Anregung zur Anerkennung einer besonderen „Statistik der gesundheitlichen Verhältnisse" geht auf die statistische Vorlesung von *Walter Schiff* an der Wiener Universität zurück. Ich entschloß mich nun endgültig zu dieser literarischen Neuerung, weil in einem System, welches nach Kategorien sozialer Tatsachen gliedert, neben den wirtschaftlichen, intellektuellen, sittlichen und politischen Zuständen auch die gesundheitlichen Verhältnisse eine wichtige Seite des Gesellschaftslebens darstellen; die Aufstellung eines besonderen Abschnittes bildet sodann einen besonderen Ansporn, alle in diesen Abschnitt gehörigen Aufschlüsse zusammenzutragen. Durch Aufstellung des Abschnitts der „Gesundheitsstatistik" glaubte ich auch einer besonderen Gruppe von Interessenten, den Sozialhygienikern, die Benutzung der Statistik zu erleichtern. *G. v. Mayr* hat allerdings in seiner Besprechung (Allg. Stat. Archiv 13. Bd. 1921/22 Heft 1/3 S. 320) Bedenken geäußert: die Sondernachweise über Todesursachen, auch die Gebrechens-, Krankheits- und Heilungsstatistik bildeten einen wesentlichen Bestandteil der Bevölkerungsstatistik, während die Sportsstatistik in die Bildungsstatistik zu verweisen sei. Allein — um noch ein Argument zu bieten — ich beabsichtigte gerade die sonst sehr Heterogenes umfassende Bevölkerungsstatistik zu entlasten; die neu gebildete Gruppe schien mir auch — besser als die Bildungsstatistik — die Sportsstatistik sowie gewisse andere Statistiken, deren Standort im System der Statistik noch unbestimmt ist, z. B. die Rekrutierungsstatistik, aufnehmen zu können. *Ferdinand Schmid* hat in seiner Rezension (Zeitschr. f. Sozialwiss. 1921 S. 668) gemeint, ich hätte „das Gesundheitswesen mit Recht auf eigene Füße gestellt".

In der 2. Auflage des Grundrisses habe ich dann noch eine besondere „Verwaltungs- und Justizstatistik" konstruiert, welche die statistischen Daten über die öffentliche Verwaltung im weitesten Sinne (Statistik über die Organisation und Tätigkeit der öffentlichen Verwaltung, also insbesondere Beamtenstatistik und Geschäftsstatistik der Behörden) umfaßt; die bisher übliche Verschmelzung dieser Daten mit der Politischen Statistik — die hauptsächlich (Wahlstatistik) die politische Einstellung der Bevölkerung behandelt — schien mir unzweckmäßig und auch logisch nicht ganz berechtigt. Der neu gebildete Zweig heißt Verwaltungsstatistik, weil die öffentliche Verwaltung sein

Objekt ist; in einem anderen Sinn bedeutet Verwaltungsstatistik bekanntlich oft die amtliche Statistik mit der öffentlichen Verwaltung als ihrem Subjekt. Die neue Verwaltungs- und Justizstatistik stelle ich sogar allen anderen Zweigen der Statistik voran; denn viele Zusammenstellungen der Verwaltungsstatistik in diesem Sinn enthalten — gleichzeitig mit der Beleuchtung der Behördentätigkeit — auch gewisse Aufschlüsse über gesellschaftliche Erscheinungen; ferner haben sich aus behördlichen Geschäftsstatistiken heraus verschiedene jetzt selbständige Zweige, insbesondere der Moral- und der Wirtschaftsstatistik, entwickelt und an verschiedenen Stellen der Moralstatistik und der Wirtschaftsstatistik ist auf die — daher voranzuschickende — Statistik über die öffentliche Verwaltung Bezug zu nehmen.

Ferd. Schmid vermißt (a. a. O. S. 662) in meinem System die Sozialstatistik, die ich nicht als besonderen den anderen Hauptteilen koordinierten Teil anerkenne. Nach *Ferd. Schmid*s Ansicht soll jedoch die Sozialstatistik als besondere Gruppe neben die bisherigen Arbeitsgebiete treten mit der Aufgabe der Erforschung der sozialen Schichtungsverhältnisse, der sozialen Verbände und der gesellschaftlichen Machtverhältnisse (insbesondere des Vereinswesens und der Presse). Was die sozialen Schichtungsverhältnisse anlangt, so stelle ich die wohl weitest gehende Forderung auf, daß alle statistischen Untersuchungen nach Möglichkeit „sozialstatistisch auszugestalten" d. h. so zu verbessern seien, daß sie über die sozialen Schichtungsverhältnisse und die Eigentümlichkeiten der sozialen Klassen Aufschluß geben. Aber ich empfinde selbst, daß wir auf diese Weise zu einem endgültigen, plastischen, einheitlichen Bilde der sozialen Struktur nicht gelangen; Berufsstatistik, Grundbesitzstatistik, Vermögens- und Einkommenstatistik und noch andere Abschnitte geben nach verschiedenen Maßstäben verschiedene untereinander schwer vergleichbare Anhaltspunkte. Eine zusammenfassende Darstellung der sozialen Schichtung ist jedenfalls erwünscht; mein Abschnitt „Mittelstandsstatistik, Statistik der sozialen Klassen" könnte in diesem Sinne ausgestaltet werden; aber er könnte m. E. niemals als „Sozialstatistik" den anderen Abschnitten, die ja auch selbst zum großen Teil hervorragende sozialstatistische Tragweite besitzen und besitzen sollen, gegenübergestellt werden. Was die sozialen Verbände und Gebilde, die natürlich auch nach meiner Ansicht gründlichst erforscht werden sollen, anlangt, so sind diese so verschiedener Art (z. B. Haushaltungen und Familien, kirchliche Verbände, landwirtschaftliche, politische Vereine, Kreditgenossenschaften, Versicherungsvereine auf Gegenseitigkeit, Fremdenverkehrsvereine, Armenfürsorgevereine, Konsumvereine, Baugenossenschaften, Arbeitergewerkschaften usw.) und sie sind gleichzeitig so eng mit den sonstigen auf den gleichen Gebieten des Gesellschaftslebens auftretenden Massenerscheinungen verknüpft, daß ich es für unzweckmäßig und für fast undurchführbar halte, die Statistiken über alle diese Verbände und Gebilde in eine besondere Gruppe zusammenzufassen — also z. B. zwecks Vereinigung in einer Gruppe der „Verbände und Gebilde" die Statistik der Haushaltungen von der Bevölkerungsstatistik, die Statistik der Baugenossenschaften von der Wohnungsstatistik, die Statistik der politischen Vereine von der Wahlstatistik zu trennen[15]).

Ferdinand Schmid macht (a. a. O. S. 663) auch auf von der üblichen grundsätzlich verschiedene Möglichkeiten des Systemaufbaus aufmerksam: „Neben der durch *Gg. v. Mayr* zur Anerkennung gelangten Systematisierung nach gewissen großen Hauptobjekten werden wir auch eine soziologisch orientierte Stoffgruppierung und sodann eine solche nach Verwaltungsressorts unterscheiden können." Von der soziologisch orientierten Stoffgruppierung sagt *F. Schmid:* „Die erstere Form der Stoffanordnung haben wir in unserer Studie „Statistik und Soziologie" eingehalten und es ist dadurch einiges Licht auf manche Lücken und Mängel der bisherigen statistischen Darstellungsweise gefallen. Von den großen Sekretionen des menschlichen Gesellschaftslebens sind bislang sowohl die Religion wie das Recht, die Technik und die Sitte entschieden zu kurz gekommen, und die wissenschaftliche Statistik wird für diese Bereiche ohne Zweifel in Zukunft Erhebliches nachholen müssen. Allein eine derartig komplizierte Stoffanordnung eignet sich nur für große ‚systematische' Werke und verbietet sich von selbst für einen zusammenfassenden Grundriß." Von der Stoffeinteilung nach Verwaltungsressorts meint *F. Schmid,* daß sie auch bei einem Grundriß „nicht ohne weiteres von der Hand zu weisen ist"; „die überragende Stellung der heutigen amtlichen Statistik als Produzentin und Bearbeiterin des statistischen Zahlenmaterials läßt eine derartige Stoffanordnung fast als von selbst gegeben erscheinen. Und was da sonst an privaten Statistiken vorhanden ist, kann leicht den entsprechenden Rubriken der amtlichen Statistik angereiht werden. Die Bevölkerungsstatistik fällt dann der von uns so genannten allgemeinen Gesellschaftsverwaltung anheim, und um diese wären die übrigen großen Administrationsgebiete (Äußeres, Heerwesen, Justiz, Sicherheitsverwaltung, Gesundheitswesen usw.) in der Weise zu gruppieren, daß die auf diesen verschiedenen Belangen erwachsenden statistischen Materialien in solcher Anordnung aufeinander zu folgen hätten."

Es sind gewiß verschiedene „Systeme" der „Praktischen Statistik" denkbar und durchführbar; es ist m. E. sogar wünschenswert, daß verschiedene Autoren es unternehmen, den großen Stoff nach verschiedenen Gesichtspunkten zu gliedern, weil jede neue Systematisierung geeignet ist, neue Fragen, die sich in der bisher üblichen Systematisierung an einer wenig beachteten Stelle befinden, in den Vordergrund zu rücken[16]). Mich bestimmte vor allem die Bedachtnahme auf

---

[15]) Ein von der „Sozialstatistik" grundsätzlich ganz verschiedener, gelegentlich verwendbarer Begriff ist der der „sozialpolitischen Statistik". Diese umfaßt alle jene Daten, die sozialpolitische Einrichtungen und ihre Leistungen betreffen: über Armenfürsorge, Sozialversicherung und Arbeitslosenfürsorge, über Gewerbeaufsicht und Gewerbegerichte, über gemeinnützige Bautätigkeit usw.

[16]) So hatte *Ferd. Schmids* soziologisch orientierte Darstellung (Allgem. Stat. Archiv Bd. X S. 1 ff.) gewiß ihren besonderen Wert, sie hat, wie *Schmid* im obigen Zitat mit Recht erwähnt, die Aufmerksamkeit auf zahlreiche bisher vernachlässigte Probleme gelenkt; hinsichtlich des Systems nach Verwaltungs-

die statistischen Konsumenten; die Systematik einseitig z. B. auf die Bedürfnisse der Soziologen — die übrigens ein anerkanntes System wohl noch kaum besitzen — zuzuschneiden, dürfte die Benutzung der Statistik durch alle anderen Disziplinen und Interessentenkreise erschweren. Das System nach Verwaltungszweigen liegt ja mehr oder weniger den amtlichen Veröffentlichungen zugrunde und tritt in den amtlichen statistischen Jahrbüchern deutlich zutage. Allein es kommt doch nicht lediglich auf die Bedeutsamkeit der statistischen Daten für die Verwaltung, bez. auf ihre Provenienz aus der Verwaltung an — manche Untersuchungen haben übrigens überhaupt keine Beziehung zu einem bestimmten Verwaltungsressort —. Entscheidend ist vielmehr vor allem der wissenschaftliche Gehalt und die wissenschaftliche Tragweite. Hierauf stützt sich die übliche Einteilung (Bevölkerungs-, Moral-, Wirtschaftsstatistik usw.); durch sie wird m. E. die relativ allgemeinste Benutzbarkeit für den relativ weitesten Kreis von statistischen Konsumenten gewährleistet.

Zur Diskussion steht nunmehr auch die Systematisierung der Wirtschaftstatistik, d. h. die Stoffgliederung innerhalb der Wirtschaftsstatistik. Literarisch hat sich mit dieser Frage bisher lediglich *Gg. v. Mayr* beschäftigt (Allg. Stat. Archiv Bd. 11 S. 1). Meinen von *Gg. v. Mayr*s Vorschlägen abweichenden Aufbau habe ich ausführlich begründet (1. Aufl. S. 274, 2. Aufl. S. 299 und 300) und möchte die Begründung natürlich hier nicht wiederholen. *Ferdinand Schmid* äußerte sich als einziger Rezensent hierzu: „Die einfache an die bekannten Grundelemente der Wirtschaftslehre sich anlehnende Stoffgruppierung erleichtert dem Anfänger ganz wesentlich das Verständnis dieser Teile. *Zizek* weicht hierin — wohl mit Recht — von dem Programm ab, das *v. Mayr* für sein künftiges System der Wirtschaftsstatistik aufgestellt hat."

G. Die Statistik als besondere Wissenschaft.

Auch über diese Frage besteht noch keineswegs Einhelligkeit. Die Deutung, welche einzelne Rezensenten meinen diesbezüglichen Äußerungen gegeben haben, veranlaßt mich, diese meine Äußerungen (Grundriß 1. Aufl. S. 207/208, 2. Aufl. S. 222) — die ich hier natürlich nicht ausführlich wiederholen möchte — doch in einer bestimmten Richtung zu erläutern. Ich stelle mich dieser Frage gegenüber im wesentlichen auf einen opportunistischen Standpunkt: mit Rücksicht auf die Vorteile der Arbeitsteilung in der sozialwissenschaftlichen Forschung und Lehre ist der Statistik m. E. eine besondere, — relativ — selbständige Stellung, den anderen Gesellschaftswissenschaften (Nationalökonomie, Privatwirtschaftslehre, Soziologie, Sozial-

zweigen sagt *F. Schmid*: „Eine derartige Stoffanordnung dürfte die statistische Wissenschaft zwingen, besonders dem jetzt so vernachlässigten Gebiet der Zivilrechtsstatistik, sowie der administrativen Geschäftstatistik endlich die gebührende Aufmerksamkeit zuzuwenden." Diese Zweige können jedoch unseres Erachtens auch im üblichen System der wissenschaftlichen Statistik zu ihrem Recht kommen, wenn man, wie ich es in der 2. Auflage des Grundrisses tat, einen besonderen Abschnitt „Verwaltungs- und Justizstatistik" einfügt.

politik, Fürsorgewesen, Wirtschaftsgeographie, usw.) gegenüber, einzuräumen. Aber selbstverständlich kann es keine isolierte, sich auf sich selbst beschränkende, nur eigenen Zielen lebende Statistik geben. Die Statistik erhält ja vielfach ihre Probleme und ihre Begriffe von anderen Sozialwissenschaften. Sie muß bestrebt sein, diesen die von ihnen benötigten Aufschlüsse statistischer Natur zu liefern (vgl. die Bemerkungen über die besondere Methodenlehre oben unter C, S. 15). Aber m. E. kann auch keine andere sozialwissenschaftliche Disziplin ein isoliertes Eigenleben führen, eine braucht die andere, eine soll die andere anregen und ergänzen. Nicht wie die einzelnen Sozialwissenschaften gegeneinander abzugrenzen seien, ist das Problem (dessen Lösung übrigens kaum jemals gelingen wird, man denke z. B. an das Ineinanderfließen von Volks- und Privatwirtschaftslehre, an den soziologischen Teil jeder sozialen Einzelwissenschaft), sondern das Problem lautet, die Zusammenarbeit der Sozialwissenschaften richtig zu organisieren. Statistik in meinem Sinn kann daher nur treiben, wer sich für die gesamten Gesellschaftswissenschaften interessiert. Ich bin auch entschieden der Meinung, daß, wer eine bestimmte soziale Erscheinung, z. B. die Armut oder die Kriminalität oder das Bankwesen oder das Eisenbahnwesen oder die Arbeitskämpfe usw., gründlich erforschen will, sich nicht mit der bezüglichen Statistik begnügen darf; er muß außerdem die soziologische, die volkswirtschaftliche, vielleicht auch die rechtliche Seite der betreffenden Erscheinung, ev. ihre geschichtliche Rolle usw. betrachten. Aber man kann nicht alle Aspekte des Gesellschaftslebens gleichzeitig betrachten. Und es ist m. E. wissenschaftlich fruchtbar — ich stimme da meinem Rezensenten *Pfennig* zu (Stuttgarter Neues Tageblatt vom 30. September 1921, Abendausgabe) —, die ganze Fülle des Gesellschaftslebens unter dem speziellen Gesichtswinkel der Statistik zu betrachten; denn von diesem Standpunkt aus eröffnen sich neue Einblicke, und es ergeben sich eigenartige Aufschlüsse, die auch eine besondere systematische Zusammenstellung verdienen. Aus diesem Grunde möchte ich — einer skeptischen brieflichen Bemerkung des verehrten Kollegen *Schott* gegenüber — doch auch entschieden für die Wirtschaftsstatistik als besondere Disziplin (bzw. Teildisziplin) eintreten. *Ferdinand Schmid* geht in seiner Besprechung vielleicht teilweise noch etwas weiter als ich, der ich nur eine relative Selbständigkeit der Statistik überhaupt und, innerhalb derselben, der Wirtschaftsstatistik anerkenne, wenn er sagt: „Er (d. i. der Verfasser) hat damit manchen Zweiflern (*Helmut Wolff!*) den schlagenden Beweis erbracht, daß die Probleme der Wirtschaftsstatistik selbständig und ganz unabhängig von jenen der Nationalökonomie abgehandelt werden können. Es ist nicht richtig, beides, wie dies leider in Deutschland noch häufig geschieht, im Hochschulunterricht durcheinander zu mengen. Wir anerkennen gern die Leistungen der Nationalökonomen auf dem Gebiet der Wirtschaftsstatistik, aber die methodologische Führung muß auch hier die Statistik in der Hand behalten." Eine (relativ) selbständige Wirtschaftsstatistik ist m. E. sogar vom Standpunkt der Nationalökonomie wünschenswert;

nicht nur daß die Wirtschaftsstatistik die Nationalökonomie entlastet, sie wirkt auch dadurch anregend auf die Nationalökonomie, daß sie deren Begriffe — anläßlich der Verwendung derselben bei statistischen Erhebungen — kritisiert und präzisere Formulierungen derselben ausarbeitet.

Aus den dargelegten m. E. für eine besondere statistische Disziplin sprechenden Gründen kann ich mich auch nicht der neuerdings von *Tönnies* (Weltwirtschaftliches Archiv, 15. Bd. Juli 1919) vertretenen Auffassung anschließen, die „Statistik als Wissenschaft" (die materielle Statistik) sollte sich in der Richtung auf eine Art beschreibender Staatenkunde, die sich nicht auf zahlenmäßige Daten zu beschränken hätte, entwickeln, ungefähr nach Art der alten *Achenwall*schen Universitätsstatistik mit ihren „Staatsmerkwürdigkeiten". Gewiß sollen Verfasser von Staatenkunden statistische Daten verwerten, aber zuerst müssen solche — durch eine besondere statistische Forschung — gewonnen werden. Von meinen Rezensenten ist, soweit sie sich geäußert haben, lediglich *W. Schöne* in diesem Punkt ein Anhänger von *Tönnies* (vgl. *Schöne*s Besprechung in der Zeitschr. für die ges. Staatswissenschaft, 76. Jg. S. 533 und desselben Abhandlung „Der Begriff der Statistik", DStZ. 14. Jg. 1922, insbesondere S. 99/100). Daß sich *Tschuprow* in seiner Besprechung meines Grundrisses in der Nordisk Statistisk Tidskrift für die *Tönnies*sche Auffassung erwärmt, wenn er in ihr auch noch nicht die letzte endgültige Lösung erblickt, hängt mit *Tschuprow*s Unterscheidung von „naturwissenschaftlicher", „nomologischer", statistischer Methode, welche kausale Zusammenhänge erforscht, und der „ontologischen", „idiographischen", „statistischen Wissenschaft" zusammen (vgl. *Tschuprow*s Abhandlung „Statistik als Wissenschaft" im Archiv für Sozialwissenschaft und Sozialpolitik, 23. Bd. 1906 S. 647ff.). Für eine Auseinandersetzung mit dieser Unterscheidung *Tschuprow*s fehlt hier der Raum; zur Kennzeichnung meiner Betrachtungsweise sei lediglich erwähnt, daß nach dieser das Forschen nach kausalen Zusammenhängen nicht den anderen statistischen Verfahrensarten als etwas Gegensätzliches gegenübergestellt wird, sondern im Kreis der übrigen statistischen Verfahrensarten steht als eine mit ihnen innig verknüpfte Verfahrensart, die fast immer sozusagen zwangsläufig aus der statistischen Beschreibung als Konsequenz statistischer Differenzierung hervorgeht (Beispiel: deskriptive Nebeneinanderstellung der Sterbenshäufigkeit der Männer und der Frauen führt zwangsläufig über die Brücke des Vergleichens zur Untersuchung des Einflusses des Geschlechts auf die Sterbenshäufigkeit, vgl. Grundriß, 2. Aufl. S. 221).

Da ich der Statistik in meinem Grundriß auch die Aufgabe stelle, ihre zahlenmäßigen Ergebnisse systematisch als „materielle Statistik" darzulegen, und mein Grundriß auch selbst einen Hauptteil „materielle Statistik" enthält, bezeichnet mich *W. Winkler* als „Stoffstatistiker" — im Gegensatz zu den die „Verfahrenslehre" pflegenden „Methodikern". Von meiner „Stoffstatistik" sagt *Winkler* jedoch, ich legte dabei „nicht mehr Gewicht auf Ergebnisdarstellung als ihr zur Beleuchtung der methodologischen Fragen auch der Verfahrensstatistiker beilegen müßte"; der Unterschied liegt also nach *Winkler* nicht in der Menge der gebotenen Ergebnisse sondern im Zweck; dem Stoffstatistiker sind die Ergebnisse Selbstzweck, dem Methodiker nur Illustrationsbeispiele. Da ist nun doch für die Elastizität unserer statistischen Kriterien symptomatisch, wenn auf Grund desselben Buches *Seutemann* zu dem Urteil kommt, ich sei „Methodiker" (DStZ. 1922 S. 68). Er geht davon aus, daß in meinem Grundriß materielle Statistik geboten wird, welche die sämtlichen statistischen Ergebnisse planvoll zusammenfaßt und durchforscht. „An Wissenschaft im *v. Mayr*schen Sinne denkt dabei *Zizek* nicht: die sozialen Massen und ihre Äußerungen sind ihm nicht Selbstzweck der Forschung; ihm schwebt wohl nur ein Inbegriff von statistischem Wissen vor, das Fachstatistiker, Volkswirte, Soziologen, Verwaltungsbeamte usw. haben müssen, um sich auf ihren Arbeitsgebieten statistisch zu betätigen, um die vielfachen Zusammenhänge zwischen den verschiedenen Sachergebnissen richtig zu verwerten, und um sich mit Hilfe der überall gewonnenen statistischen Erkenntnisse und Gesetzmäßigkeiten gegenüber der Wirklichkeit, soweit sie statistisch nicht hinreichend erforscht ist oder überhaupt nicht erforscht werden kann, durch Analogieschluß vorurteilslos einstellen zu können. Es handelt sich also um eine Art Sammelwissenschaft, wie man etwa von einer Bibliothekswissenschaft spricht. *Zizek* gehört demnach zu den ‚Methodikern'..." In dieser Argumentation wird, wie mir scheint, als maßgebend angesehen, ob ein Autor in der materiellen Statistik eine ganz selbständige Sozialwissenschaft erblickt oder nicht, wobei im letzteren Falle wohl verschiedene Abstufungen der Einschätzung möglich sind — von einer besonderen, wenn auch nicht ganz selbständigen sozialwissenschaftlichen Teildisziplin bis zu bloßen Materialzusammenstellungen. *Seutemann* hat durch seine feinfühlende Analyse mir selbst größere Klarheit gebracht; doch glaube ich der Statistik immerhin etwas mehr — relative — Selbständigkeit zubilligen zu sollen, als *Seutemann* aus meinem Buch herausgelesen hat (vgl. die Ausführungen S. 25/26).

Hinsichtlich der Stoffstatistik vertritt *W. Winkler* — allerdings an anderer Stelle (Ztschr. f. Volkswirtschaft u. Sozialpolitik, Wien, N. F. 2. Bd. 1922 S. 149ff.) — die Meinung, Stoffstatistik sei eine deutsche Spezialität und zwar mit ungünstiger Einwirkung auf die Statistik in Deutschland; „wohl in der ganzen Welt außer in Deutschland wird die Statistik als eine Methode angesehen, die sich in den Dienst bald dieser, bald jener Beobachtung stellt"; „die Statistik bleibt dabei Verfahrenslehre, die bearbeiteten Zahlen dagegen Bevölkerungslehre, Wirtschaftslehre usw.". Allein der von *Winkler* behauptete Gegensatz zwischen der deutschen und der Statistik aller anderen Länder besteht unseres Erachtens mindestens in dieser Schärfe nicht. Nicht nur daß in allen Kulturstaaten über einzelne Gebiete „Statistik" sich nennende Schriften mit zahlenmäßigen Ergebnissen erscheinen, es liegen auch aus allen Ländern als „Statistik" sich bezeichnende Gesamtdarstellungen des in Frage kommenden Stoffes vor; vgl. z. B. die Werke von

Block, Bertillon, Julin, Westergaard, Verrijn Stuart, Giffen, Mortara (Lezioni di statistica economica e demografica); der Amerikaner *Mayo-Smith* schwankt etwas, aber schließlich: sein zweibändiges, viele zahlenmäßige Ergebnisse zweifellos als Selbstzweck bringendes Werk heißt „Science of Statistics", im Bande „Statistics and economics" sagt er S. 12 sehr kennzeichnend, er wolle in jedem Abschnitt zuerst die materiellen Fragen angeben, welche die statistische Methode zu beleuchten geeignet scheine (Economic Purpose), dann gebe er unter dem Titel „Statistical Data": „the statistics themselves", also „die Statistik selbst" — hier sind also gerade die Ergebnisse die Statistik, die Methode wird ausdrücklich als statistische Methode bezeichnet; und so in vielen ausländischen Schriften. Beschäftigt sich vielleicht das Internationale Statistische Institut nur mit Methoden oder nicht doch auch mit der Zusammenstellung und der Erörterung von Ergebnissen, beschäftigen sich nicht auch die Statistischen Gesellschaften des Auslands auch mit Stoffstatistik und Ergebniswissenschaft? Umfassen nicht die zahlreichen ausländischen Statistischen Jahrbücher gerade die statistischen Ergebnisse? Der von *Winkler* behauptete Gegensatz besteht in der Praxis der Statistik wohl nicht, sicher nicht mit der Schärfe, die *Winkler* annimmt, doch dürfte *Winkler*s Charakterisierung allerdings für die allgemeine Wissenschaftslehre des Auslands zutreffen.

H. Technik der Statistik.

Zu untersuchen, wie die verschiedenen Statistiker diesen Begriff verstehen, veranlaßt mich die Bemerkung *W. Winkler*s, ich hätte in meinem Grundriß „der technischen Seite der Statistik einen außerordentlich breiten Raum gewährt (Technik der Erhebung, Aufarbeitung durch Gruppenbildung usw.)", woran er die Frage knüpft, ob sich der methodische Wissensstoff, wie ich es großenteils versuche, überhaupt unter dem Gesichtspunkt der statistischen Technik darstellen lasse[17]). Im Gegensatz zu *Winkler*s Bemerkung war ich bisher der Meinung, sehr wenig Technisches geboten zu haben; dazu rechnete ich lediglich meine Ausführungen über die Arten und die Ausstattung der Erhebungsformulare und über die tatsächliche Durchführung der Bearbeitung des Erhebungsmaterials (Auszeichnen der Erhebungsformulare, Blockverfahren, Legeverfahren, Zählmaschinen usw.); dazu kommen m. E. vielleicht noch die Ausführungen über die Kontrolle der Erhebung und vielleicht einiges über die Veröffentlichung der statistischen Daten (z. B. betreffend Teilung gewisser Veröffentlichungen). Ich fasse den Begriff Technik offenbar in einem engeren Sinn auf als *Winkler*. Erhebung und Bearbeitung beruhen m. E. in erster Linie auf sozialwissenschaftlich-methodologischen Erwägungen und Entschlie-

[17]) An anderer Stelle (S. 149 derselben Zeitschrift) hat *Winkler* die theoretische Statistik (allgemeine Methodenlehre in unserer Terminologie) in reine Methodik (Zusammenfassung der allen Anwendungsgebieten gemeinsamen Verfahrensgrundsätze, z. B. Lehre vom Gesetz der großen Zahlen, von den statistischen Massen, Reihen, Durchschnitten usw.) und Technik eingeteilt. Warum *Winkler* z. B. die Lehre von den Durchschnitten zur reinen Methodik, dagegen Aufarbeitung durch Gruppenbildung zur Technik rechnet, ist mir nicht klar.

ßungen (Festsetzung des Umfangs der Fragestellung, Bildung bedeutsamer Gruppen), was m. E. nicht als „Technik“ bezeichnet werden kann; hierunter ist vielmehr die zweckmäßigste tatsächliche Durchführung logisch schon feststehender Operationen — und die literarische Behandlung der einschlägigen Fragen — zu verstehen. Mit dieser Auffassung befinde ich mich vor allem in Übereinstimmung mit *G. v. Mayr,* der als Lehre von der statistischen Technik „die nähere Erörterung und Kritik der äußeren Hilfsmittel, welche bei den verschiedenen Stufen der Verwirklichung der statistischen Methode zur Verwendung gelangen, bezeichnet (Theoretische Statistik, 2. Aufl. S. 65)[18]. *G. v. Mayr* unternimmt — m. E. ganz mit Recht — keine besondere, getrennte Darstellung der „Technik“, sondern es sollen eigentliche Methodenlehre und Technik „in ihrem Zusammentreffen auf den verschiedenen Stufen der statistischen Operationen betrachtet werden“. *Meitzen* sagt — von mir etwas gekürzt — (Geschichte, Theorie und Technik der Statistik, 2. Aufl. S. 77) über die Technik der Statistik: „Die Theorie der Statistik muß also von dem Wesen der statistischen Methode ausgehen. Indem sie in die innere Begründung dieses als eigenartig erkannten Verfahrens eindringt, muß sich einerseits der Gedankeninhalt der Methode zu einem Lehrgebäude der Theorie der Statistik entwickeln, andererseits muß sich ergeben, welche Gestalt die Technik der Statistik anzunehmen hat, um den Forderungen zu genügen, welche die statistische Methode im Sinne theoretisch entwickelter Kritik an sie stellt.“ In der Darstellung trennt *Meitzen* Theorie und Technik und weist dabei dieser doch mehr zu, als ich konzedieren möchte, z. B. die Entwicklung des Plans, die Vergleichung analoger Massen, die Beweisführung für das Urteil über die Quantität und für das Urteil über Ursächlichkeit und Wahrscheinlichkeit.

Winkler meint an der oben zitierten Stelle mit der Bemerkung, ich hätte den Stoff unter dem Gesichtspunkt der statistischen Technik dargestellt, vielleicht meine genetische, an den tatsächlichen normalen Verlauf einer statistischen Untersuchung anknüpfende Darstellung. Diese Darstellungsweise führt jedoch m. E. die statistische Methode am anschaulichsten vor; die dabei von mir durchgeführte getrennte Darstellung von primärstatistischer und sekundärstatistischer Erhebung zerreißt allerdings manches, aber vieles wird erst durch sie klar (z. B. die nach verschiedenen Richtungen sich äußernde Abhängigkeit der sekundären Statistik von ihrem „vorstatistischen Stadium“). Diese genetische Darstellung ist auch nicht schuld an der von *Winkler* mit Recht bemängelten unzulänglichen Erörterung der „Massen“ und ihrer Unterarten (insbesondere Bestands- und Bewegungsmassen) in meinem Grundriß, denn gerade die genetische Darstellung muß dazu anregen, zunächst das Objekt der Statistik, die für die statistische Erfassung geeigneten sozialen Massen — nicht wie *Winkler* sagt, die statistischen Massen, denn diese entstehen erst durch die statistische Erhebung — zu kennzeichnen.

[18]) Mit dieser mir sympathischen engen Definition stimmt allerdings nicht überein, wenn § 62 von *G. v. Mayrs* „Theoretische Statistik“ „Zur Technik der statistischen Kausalitätsforschung“ betitelt ist.

I. Theorie der Statistik.

Die Erörterung der „Technik“ der Statistik läßt uns wohl zwangsläufig an die ihr in vielen Schriften irgendwie gegenübergestellte „Theorie“ der Statistik denken. Darunter wird verschiedenes verstanden. Indem wir das Sachliche, das Wesentliche, und das bloß Terminologische auseinanderzuhalten versuchen, wollen wir zunächst als eine Hauptgruppe jene Autoren ins Auge fassen, die sachlich darin übereinstimmen, daß sie innerhalb der allgemeinen Methodenlehre (in unserer Terminologie) technische und logische Bestandteile trennen; terminologisch zerfallen diese Autoren in zwei Untergruppen, von denen die eine die ganze allgemeine Methodenlehre, die andere nur deren logische (also nicht bloß technische) Bestandteile als „Theorie der Statistik“ bezeichnet. In die erstere Untergruppe gehört vor allem *G. v. Mayr*. Er nennt die allgemeine statistische Methodenlehre „theoretische Statistik“; innerhalb dieser (vgl. Theor. Statistik 2. Aufl. S. 65) unterscheidet er statistische Methodenlehre — die Darlegung des Weges, welcher einzuschlagen ist, um die sozialen Massen einer erschöpfenden Massenbeobachtung zu unterwerfen und die beobachteten Ergebnisse zur wissenschaftlichen Erkenntnis der sozialen Massen zu verwerten — und statistische Technik — wie oben zitiert: die Darlegung der äußeren Hilfsmittel zur Verwirklichung der statistischen Methode. Mit der *v. Mayr*schen Einteilung deckt sich jene *W. Winkler*s insofern, als auch er die allgemeine Methodenlehre in unserem Sinn als „theoretische Statistik“ bezeichnet; sie zerfällt nach *Winkler* in „reine Methodik“ und „Technik“ (der *Winkler* aber einen weiteren Umfang als *G. v. Mayr* zu geben scheint, vgl. oben S. 29/30). Andere Autoren bezeichnen, wie schon erwähnt, nicht die ganze allgemeine Methodenlehre sondern nur deren logische Bestandteile (ohne Technik) als „Theorie der Statistik“, so daß „Theorie“ und „Technik“ koordiniert werden. So heißt, was ich als allgemeine Methodenlehre bezeichne, bei *Meitzen* „Theorie und Technik der Statistik“, dazu kommt noch die Geschichte der Statistik, ein zusammenfassender Überbegriff fehlt; *Hesse* nennt den entsprechenden Teil in seinem System: Allgemeine Statistik, theoretische und technische Grundlagen (1. Abschnitt: Geschichte der Statistik, 2. Abschnitt: Organisation der Statistik, 3. Abschnitt: Theorie und Technik).

Eine zweite Hauptgruppe von Autoren — der auch ich angehöre — unternimmt nicht eine Zwei- sondern Dreiteilung der allgemeinen Methodenlehre: wie in der ersten Hauptgruppe werden logische und technische Bestandteile unterschieden; innerhalb der ersteren wird eine engere Teilgesamtheit von Problemen, und zwar soll diese die eigentlich grundlegenden Probleme umfassen, ausgesondert und als „Theorie der Statistik“ im eigentlichen Sinn aufgefaßt und bezeichnet. Die bezüglichen Autoren gehen von der Ansicht aus, daß die Probleme logischen (nicht technischen) Charakters nicht alle gleichwertig seien, daß sich ein engerer Kreis von logischen Problemen „theoretischen“ Charakters unterscheiden lasse; das „Gesetz der großen Zahlen“ z. B. hat zweifellos grundlegende theoretische Bedeutung, die verschiedenen

Methoden, Größenklassen zu bilden oder Mittelwerte zu berechnen, dagegen können diesen Rang — obwohl es sich dabei nicht um bloße Technik handelt — nicht beanspruchen. Im einzelnen unterscheiden sich die in Frage kommenden Autoren zunächst stark in der Umgrenzung der „theoretischen" Probleme; *Kaufmann* z. B. rechnet zu den „theoretischen Grundlagen der statistischen Methode" insbesondere das Wesen der statistischen Methode, das Verhältnis zur Induktion, das Gesetz der großen Zahlen und die statistischen Regelmäßigkeiten; diesen Problemen stellt er die „Praxis der Sozialstatistik" gegenüber, worin er jedoch auch fast durchweg logische und nur ganz vereinzelt technische Fragen erörtert. Auch *Seutemann* (DStZ. 1922 S. 67) scheint innerhalb der allgemeinen Methodenlehre einen engeren Kreis von Problemen als „Theorie" auszuscheiden; er bemerkt, die eigentliche Theorie der Statistik sei in meinem Grundriß etwas zu kurz gekommen; „bei der Theorie handelt es sich keineswegs bloß — wie *Zizek* an einer Stelle anzudeuten scheint — um die erkenntnistheoretischen Grundlagen der Statistik; vielmehr müssen die eigentlichen wissenschaftlichen und praktischen Zielpunkte der Statistik, nach denen sich das methodische Verfahren zu richten hat, festgelegt und bewertet werden. Bei *Zizek* ist das meiste in die Methodenlehre eingestreut; das Methodische bestimmt die Gliederung des Werks, die Ziele fügen sich der ihnen fremden Gliederung ein und werden so ihrer vorherrschenden Stellung entkleidet. Vieles muß daher mehrfach wiederholt werden, so über die Homogenität, über das Wesen des statistischen Verfahrens, über die Ursachenforschung, über das Gesetz der großen Zahlen". „Einzelne Theorien erscheinen zu zerstückelt und daher nicht ganz abgeschlossen, so über das Verhältnis der General- und Spezialwahrscheinlichkeiten, über die absoluten Zahlen u. dgl."

Die innerhalb der statistischen Methodenlehre einen engeren Kreis von grundlegenden Problemen als „Theorie der Statistik" aussondernden Autoren divergieren untereinander nicht nur hinsichtlich der Abgrenzung dieser Theorie, sondern auch darin, daß manche Autoren die „Theorie" getrennt, als besonderen Abschnitt darstellen, während andere Autoren — zu denen auch ich gehöre — die ganze Methodenlehre einheitlich — ohne Trennung von Theorie und sonstiger Methodik — behandeln. *Kaufmanns* Buch zerfällt in die zwei Teile „Die theoretischen Grundlagen der statistischen Methode" und „Die Praxis der Sozialstatistik"; das Wesen der statistischen Methode wird — im ersten Teil — unabhängig von der im zweiten Teil behandelten Darstellung der statistischen Erhebung und der Aufbereitung des Erhebungsmaterials dargestellt, die statistischen Regelmäßigkeiten — im ersten Teil — unabhängig von den statistischen Verhältniszahlen und Mittelwerten — im zweiten Teil. Ich ging dagegen von der Ansicht aus, daß die Grenze zwischen „theoretischen" und anderen methodologischen Problemen fließend, der Unterschied nur ein gradueller sei, daß die einzelnen „theoretischen" Probleme mit anderen „nicht theoretischen" innig verbunden seien; in meiner Darstellung geht das Wesen der Statistik aus der Schilderung des statistischen

Verfahrens hervor, die statistischen Regelmäßigkeiten wachsen aus dem Vergleiche statistischer Erhebungsergebnisse heraus; da ich auch die (logische) Methodenlehre und die Technik (soweit eine solche überhaupt vorkommt) äußerlich nicht trenne, ergibt sich ein ganz einheitlicher Aufbau. *v. Tyszka* hat in seiner neuen Schrift: „Statistik" Teil I einen Abschnitt „Die theoretischen Grundlagen" (das Gesetz der großen Zahl, die Wahrscheinlichkeitstheorie und der statistische Ausgleich, statistische Gesetzmäßigkeit und Willensfreiheit, Fehlerquellen der statistischen Untersuchung und ihre Vermeidung, primäre und sekundäre Statistik, Zählungen und Verzeichnungen, die Abgrenzung der Massenbeobachtungen, die statistischen Koeffizienten, die statistische Schlußfolgerung) und einen anderen Abschnitt „Zur Methode und Technik der Statistik" (die methodologischen Aufgaben der Statistik, die Gewinnung des Urmaterials, der Erhebungsplan, die Ausbeutung des Urmaterials, die sogenannte Aufbereitung, die endgültige Feststellung der Ergebnisse, die Aufstellung der sogenannten Ausdruckstabellen, die Berechnung von Mittelwerten und Verhältniszahlen, die Methoden der Indexzifferberechnung, die textliche Beschreibung, die graphische Darstellung). Aber er sagt von seiner Einteilung im Vorwort: „Der zweite Teil behandelt die Theorie, der dritte die Methodenlehre einschließlich Technik. Eine solche Zweiteilung zwischen Theorie und Methode einzuhalten war insofern nicht ganz unbedenklich, als Theorie und Methode vielfach ineinander übergehen, und infolgedessen eine gewisse Willkürlichkeit in der Einteilung unvermeidlich war. Andererseits erschien es mir aber doch von großer Wichtigkeit, die Theorie oder enger gesprochen, die theoretischen Grundlagen, auf denen die statistische Forschung beruht, von der Methode, bei der die technische Handhabung in Gewinnung und Bearbeitung des Stoffes in den Vordergrund gestellt wird, zu scheiden"[19])[20]).

Allein gibt es nur in der Methodenlehre der Statistik theoretische

[19]) Einen ähnlichen Standpunkt nimmt *Julin* ein; sein „Precis du cours de statistique générale et appliquée" zerfällt in eine Methodologie théorique (nur zwei Kapitel: Definition et objet de la statistique, und Des limites de la statistique) und eine Methodologie technique, die jedoch nicht etwa nur „Technik" in unserem engen Sinne, sondern die ganze eigentliche Methodik enthält. *Julins* großes neues Werk, das in Lieferungen zu erscheinen begonnen hat, ist betitelt: „Principes de statistique théorique et appliquée", hier wird die ganze allgemeine Methodenlehre als Theorie bezeichnet.

[20]) Nach dem vorstehenden wird als „Theorie" die allgemeine Methodenlehre oder ein bestimmter Teil derselben bezeichnet; bei *W. Winkler* tritt gelegentlich auch die besondere Methodenlehre als „theoretische" auf, so daß theoretisch bei ihm wohl synonym ist mit „methodologisch"; so bezeichnet er in der Zeitschrift für Volkswirtschaft und Sozialpolitik (Wien, N. F. 2. Bd. S. 149, vgl. oben S. 15 Anmerkung 9) die besondere Methodik der Bevölkerungs- bzw. Wirtschaftsstatistik als „theoretische Bevölkerungs-" bzw. „theoretische Wirtschaftsstatistik". *v. Bortkiewicz* (Grundriß einer Vorlesung über allgemeine Theorie der Statistik, S. 4) unterscheidet formelle Statistik (Methodenlehre) und materielle Statistik (Ergebnisse), innerhalb der ersteren hebt er die „allgemeine Theorie der Statistik" hervor, welche die statistischen Methoden in genereller Fassung beschreibt; da müßten eigentlich der allgemeinen Theorie besondere Theorien, d. h. Methodenlehren, der statistischen Einzelzweige gegenüberstehen; es ergäbe sich dann, daß auch *v. Bortkiewicz* — gleich *Winkler* — das Wort „Theorie" gelegentlich ungefähr im Sinne von Methodenlehre gebraucht.

Erkenntnis? Wenn wir „materielle Statistik“ — „Stoffstatistik“, „Ergebniswissenschaft“ in *W. Winklers* Terminologie — betreiben, so müssen wir auch hier den Auf- und Ausbau einer Theorie anstreben. Sie fände sich in einem „Allgemeinen Teile“ der materiellen Statistik, welcher — eine Synthese der Hauptergebnisse sämtlicher Einzelzweige — vor allem ein Gesamtbild der statistisch nachgewiesenen Entwicklungstendenzen und kausalen Zusammenhänge umfassen müßte; mit einer solchen „statistischen Theorie des Gesellschaftskörpers“ wäre der endgültige Beweis für die selbständige Bedeutung der Statistik — auch im materiellen Sinn — erbracht (vgl. Grundriß, 1. Aufl. S. 211, 2. Aufl. S. 227).

Aus den vorstehenden Ausführungen geht auch hervor, warum ich — *G. v. Mayr* hat in seiner Besprechung die Frage angeschnitten — die allgemeine Methodenlehre nicht kurzweg als „Theoretische Statistik“ bezeichnen wollte; nicht alles darin ist Theorie und andererseits kann Theorie auch außerhalb der Methodenlehre liegen. Für mich war die Bezeichnung „allgemeine Methodenlehre“ die einzig richtige; sie hat überdies den Vorteil, sofort auf die Existenz auch einer „besonderen“ Methodenlehre aufmerksam zu machen. Wenn ich dem Ausdruck „allgemeine Methodenlehre“ an gewissen Stellen die Worte „Theorie und Technik der Statistik“ in Klammern hinzugefügt habe, so sollte dadurch lediglich der noch wenig gebräuchliche Terminus „allgemeine Methodenlehre“ bei den Lesern durch Anknüpfung an die bisher üblichste Bezeichnung eingeführt werden (vgl. Grundriß. 1. und 2. Aufl. S. 8).

Auch die zusammenfassende Bezeichnung der der allgemeinen Methodenlehre gegenüberstehenden sämtlichen Einzelzweige der Statistik (Bevölkerungs-, Moral-, Wirtschaftsstatistik usw.) schwankt. Die Bezeichnung „materielle Statistik“ ist zu eng, weil in den Einzelzweigen außer den Ergebnissen auch die besonderen Methoden besprochen werden. Umgekehrt paßt die Bezeichnung „Angewandte Statistik“ eigentlich nur für die als Anwendung der allgemeinen Methodenlehre gedachte besondere Methodenlehre, aber nicht für die materielle Statistik[21]). Am üblichsten ist die Bezeichnung „Praktische Statistik“, die auch *G. v. Mayr* verwendet. Sie hat für mich das Bedenken, daß sie als Gegenstück eine „theoretische Statistik“ postuliert — so nennt *G. v. Mayr* auch tatsächlich die allgemeine Methodenlehre — während mir diese Bezeichnung (theoretische Statistik) für die allgemeine Methodenlehre nicht richtig erscheint. Ich gebrauchte im Grundriß offiziell die etwas schleppende Bezeichnung „materielle Statistik und spezielle Methodenlehre“; eine ähnliche Bezeichnung verwendet jetzt auch *Hesse* in der 5. Aufl. seiner Schrift „Allgemeine Statistik. Bevölkerungsstatistik“ (1923). Es käme zur Zusammenfassung aller Einzelzweige noch die Bezeichnung „Besonderer“ oder „spezieller Teil“ in Frage, die auch gelegentlich vorkommt. Man könnte ein-

[21]) Diese Bezeichnung ist namentlich in der französischen Literatur beliebt; so heißt z. B. die neuerdings von *Julin* in Angriff genommene Gesamtdarstellung der Statistik „Statistique théorique et appliquée“ (vgl. auch oben Anm. 19).

wenden, „speziell“ seien nur die Methoden der Einzelzweige (im Gegensatz zur allgemeinen Methodenlehre), nicht aber die materiellen Ergebnisse der Einzelzweige; aber wenn man, wie ich, auch für die Ergebnisse, auch für die materielle Statistik, einen allgemeinen Teil postuliert (s. o.), so haben dann sowohl die Methoden als auch die Ergebnisse der Einzelzweige den Charakter des „besonderen“. Die ideale Gliederung wäre also: I. Allgemeine Methodenlehre, II. Allgemeiner Teil der materiellen Statistik (fehlt noch), III. Besonderer (spezieller) Teil, nämlich Methoden und Ergebnisse nach Einzelzweigen.

K. Anforderungen an ein Lehrbuch der Statistik.

Nach mehreren Richtungen scheint über Fragen grundsätzlichen Charakters noch keine Einhelligkeit zu herrschen; und doch ist die Frage, wie ein geeignetes Lehrbuch aussehen soll, keineswegs unwichtig, namentlich mit Rücksicht auf die wachsende Bedeutung des statistischen Hochschulunterrichts — ich erinnere nur daran, daß Statistik nunmehr Zwangsfach bei der „Volkswirtschaftlichen Diplomprüfung“ und auch vielfach beim volkswirtschaftlichen Doktorexamen ist. Eine allgemeine Erörterung dürfte daher am Platze sein, in welcher mein Grundriß nur deshalb — leider — wieder öfter erwähnt werden muß, weil sich in den Besprechungen desselben die neuesten Äußerungen von Fachvertretern über dieses Thema finden.

1. Anführung zahlenmäßiger Ergebnisse.

Ob ein Lehrbuch der Statistik auch zahlenmäßige Ergebnisse enthalten soll, ist eine Frage, die natürlich für jene gegenstandslos ist, die den statistischen Unterricht auf die allgemeine Methodenlehre beschränken möchten. Ich bin jedoch überzeugt, daß dies keine ausreichende statistische Ausbildung von Sozialwissenschaftlern der verschiedenen Kategorien, insbesondere von Volkswirtschaftlern, wäre. Diese müssen auch die Praktische (Besondere) Statistik kennen gelernt haben, also die Hauptzweige der Bevölkerungs-, Wirtschaftsstatistik usw. Aber auch wer dieser Auffassung zustimmt — sie ist wohl die herrschende —, kann darüber im Zweifel sein, ob ein Lehrbuch der Statistik bei den einzelnen Zweigen des Praktischen Teils außer deren besonderer Problematik und Methodik auch die betreffenden zahlenmäßigen Ergebnisse (also z. B. die Zahl der Auswanderer, der Konkurse, der Streiks usw.) bieten soll. *W. Gerloff* hat die Frage (vgl. Literaturblatt der Frankf. Ztg. vom 23. Juni 1922) grundsätzlich angeschnitten: „Soll ein ‚Grundriß‘, der ja ein Lehrbuch sein will, auch die Ergebnisse statistischer Untersuchungen vorführen? Ich möchte diese Frage so beantworten: Als Beispiele für die Aufgabe der Statistik und die Wege ihrer Lösung sind Ergebnisse ausgiebig zu verwerten, als Resultate an sich aber sind auch die Hauptergebnisse der Statistik zahlenmäßig in ein Lehrbuch nicht aufzunehmen. Ein Grundriß ist kein Quellen- und Tabellenwerk, und er kann ein solches auch nur höchst ungenügend ersetzen. Überdies wird bei Aufnahme der Ergebnisse in die didaktische Darstellung die ohnehin naheliegende Gefahr, vom Stoff erdrückt zu werden oder einzelne Teile ungebührlich zu vernachlässigen, fast unvermeidlich. Auch *Zizek* ist ihr nicht ganz entgangen, so wenn, um ein Beispiel herauszugreifen, der Sparkassenstatistik genau so viel Raum zugemessen wird wie der ganzen Finanzstatistik und von ersterer Hauptergebnisse mitgeteilt werden, von letzterer dagegen nicht. Die Aufgabe eines Grundrisses scheint mir zu sein: im theoretischen wie im praktischen Teil jeweils in den Stoff einzuführen, über den hauptsächlichsten Aufgabenkreis, die wesentlichen Fragestellungen, die Wege ihrer Lösungen und ihre Grenzen zu unterrichten. Darüber hinaus mag dann der Literaturnachweis die erforderlichen Hinweise geben." Nicht alle Rezensenten halten mit *Gerloff* die Anführung von Ergebnissen für unzweckmäßig. *Ferdinand Schmid* sagt (a. a. O. S. 667): „Das Tabellen- und sonstige Zahlenmaterial ist freilich etwas spärlich, indessen ist der Verfasser bestrebt, diese Lücke (sic!) durch sorgfältige Hinweise auf die einschlägigen Bände der Reichsstatistik und die darin enthaltenen Kartogramme einigermaßen auszufüllen." Ein nicht genannter Rezensent in der Augsburger Postzeitung (vom 7. Febr. 1922 Nr. 6) äußert sich: „Ferner hätte der Verfasser größere Zugeständnisse in bezug auf statistische Tabellen machen müssen"; „von dem bekannten Zahlenhunger des Statistikers ist jedenfalls in dem sonst vortrefflichen Werke nichts zu spüren". Ein bekannter Hochschullehrer sprach in einem Brief an den Verlag den Wunsch nach „eingehenderer Behandlung der Ergebnisse in einer etwaigen nächsten Auflage" aus. Namentlich möchte ich jedoch *Verrijn Stuarts* Stellungnahme — im (holländischen) De Economist (Jg. 1922 S. 560) — anführen; er stellt dort, offenbar mit Bedauern, fest, daß fast gar keine graphischen Darstellungen und Tabellen vorkämen, daß nur Hauptziffern und diese nicht einmal überall angeführt seien; und doch sei, meint *Verrijn Stuart,* nichts mehr geeignet, den Wert der statistischen Methode zu beleuchten und das Interesse für die Statistik zu wecken, als wenn jeweils außer der Darlegung der Methoden auch die Ergebnisse der statistischen Forschung mitgeteilt würden. Mein Grundriß enthält also nach Ansicht einiger Rezensenten zu wenig, nach Ansicht anderer zu viel zahlenmäßige Ergebnisse, bzw. er sollte Ergebnisse überhaupt nicht anführen. Der „Tatbestand" ist der, daß ich mich in zahlreichen Abschnitten darauf beschränkte, in Worten kurz anzudeuten, worüber bestimmte Zweige der Statistik Aufschluß geben, bzw. Aufschluß geben sollen; manchmal führte ich Ergebnisse an, aber nur um so rascher als durch textliche Ausführungen ausdrücken zu können, was gewisse Statistiken in ihren Ergebnissen bieten; aber, gewiß, in manchen Abschnitten waren mir Ergebnisse nicht nur Illustrationsbeispiele, sondern gleichzeitig Selbstzweck. Dies waren aber — schon mit Rücksicht auf den verfügbaren Raum — nur gewisse besonders wichtige Ergebnisse, insbesondere die festgestellten statistischen Regelmäßigkeiten (z. B. Entwicklungstendenzen, kausale Zusammenhänge).

Dabei ging ich von den S. 25ff. dargelegten Erwägungen über die (relative) Selbständigkeit der materiellen Statistik aus und es leitete mich dabei der Gedanke, den statistischen Unterricht möglichst nutzbringend zu machen, in ihm das unterrichts-ökonomisch erreichbare Maximum wirtschafts- und sozialwissenschaftlicher Belehrung zu realisieren. Wenn z. B. die Methoden der Handelsstatistik dargelegt werden, sollte diese Gelegenheit nicht auch benutzt werden, um einzuprägen, welchen ungefähren Wert die deutsche Ein- und die deutsche Ausfuhr haben, daß dabei ein beträchtliches Passivum vorliegt, mit welchen Ländern Deutschland den regsten Handelsverkehr hat; dürfen bei Erörterung der Berechnungen über das deutsche Volksvermögen die als Ergebnis gewonnenen Ziffern nur zur Illustration angeführt werden oder nicht auch gleichzeitig als Selbstzweck? Wenn über die Methoden der Erntestatistik gesprochen wird, kann man da unterlassen festzustellen, daß bis zum Krieg erfreulicherweise die durchschnittlichen Hektarerträge und mit ihnen die Gesamterntemengen fortschreitend wuchsen? M. E. vermag die Statistik, indem sie auch wichtige ökonomische und sonstige soziale Tatsachen statistischen Charakters darlegt, den nationalökonomischen Unterricht in zweckmäßiger Weise zu entlasten; die Dozenten der Nationalökonomie sind, diese Tatsachen eingehender zu behandeln, aus Zeitmangel einfach nicht imstande; auch meine ich, daß die „didaktische Darstellung“ der Statistik durch Aufnahme statistischer Ergebnisse — die zum Teil ohnehin schon als Illustrationsbeispiele vorgeführt werden müssen — weniger gestört wird als die nationalökonomische Darstellung durch eingefügte statistische zahlenmäßige Details. Der Nationalökonom hat z. B. über das Wesen und die Tragweite der Handelsbilanz so viel zu sagen, daß sich damit eine eingehende Besprechung der tatsächlichen Handelsbilanzen der einzelnen wichtigeren Volkswirtschaften kaum verbinden läßt; er bespricht Begriff und Bedeutung des Volksvermögens und kann eine oder die andere Ziffer erwähnen, aber doch kaum die einschlägigen Berechnungen und ihre Ergebnisse kritisch analysieren; er wird erwähnen, daß nach den deutschen landwirtschaftlichen Betriebszählungen in der Landwirtschaft keine Konzentrationstendenz herrscht, wird dies aber nicht im einzelnen an Hand des Zahlenmaterials nachweisen können. Somit sprechen m. E. mannigfache Argumente für eine gewisse Arbeitsteilung, welche die eingehendere Darstellung der statistischen Ergebnisse dem statistischen Unterrichte zuweist, der sich dieser Aufgabe m. E. nicht entziehen darf — natürlich ohne etwa ein Monopol beanspruchen zu dürfen.

Daß der Statistiker mit der Erörterung der besonderen Methodik in der Regel auch die der Ergebnisse verbindet, kommt oft geradezu zwangsläufig infolge des engen Zusammenhanges von Methodik und Ergebnissen zustande. Die statistischen Ergebnisse sind ja nicht vielleicht der Abschluß der methodischen Erhebung, ihr Endresultat, das nunmehr selbständig dasteht, ohne daß weitere Methodik in Frage käme; es ist vielmehr die Benutzung statistischer Ergebnisse selbst fortgesetztes, der Methodenlehre unterliegendes Verfahren; denn richtige Benutzung statistischer Daten setzt nicht nur die Kenntnis der bei der Gewinnung der betreffenden Daten angewandten Methoden voraus, sondern die Benutzung besteht selbst in der Anwendung gewisser statistischer Methoden, sie erfolgt mit Hilfe der Verfahrensarten des statistischen Vergleichs und des Forschens nach statistischen Regelmäßigkeiten; Methoden und Ergebnisse erweisen sich als untrennbar verbunden.

2. Logische Kennzeichnung der Methoden und Erläuterung derselben durch Illustrationsbeispiele.

Handelte es sich im vorstehenden um die Darlegung des materiellen Teils — der statistischen Ergebnisse —, so im folgenden um die Darlegung der Methoden. Soll ein Lehrbuch der Statistik mit zahlenmäßigen Beispielen zur Illustration gewisser Methoden und Lehrsätze — des allgemeinen und des besonderen Teils — ausgestattet sein? Jedermann wird dies von vornherein wünschenswert finden — wie alles, was das Lehrbuch leichter verständlich zu machen geeignet ist. Es kann sich praktisch nur um das Ausmaß handeln, wobei wieder die Raumfrage — mit ihrer Tragweite für den Preis des Buchs — eine wichtige Rolle spielt. Einige Rezensenten meines Grundrisses sind der Ansicht, daß darin in der in Rede stehenden Richtung zu wenig geboten werde. Am schärfsten ist in diesem Punkt die Kritik *Bowleys* (Weltwirtschaftliches Archiv 17. Bd. S. 556); er bedauert, daß „the author has not found room for numerical illustrations, by which the methods would have been more easely appreciated by the uninitiated. No one can learn statistics from this book“. Etwas ähnliches hat vermutlich auch *W. Winkler* im Auge (Ztschr. f. Volkswirtschaft und Sozialpolitik, Wien, N. F. Bd. 2 S. 352) mit der Bemerkung, ich nähme auf die Bedürfnisse der Praxis — zu diesen Bedürfnissen gehören wohl in gewissem Sinn auch die der Studierenden — zu wenig Rücksicht; z. B. bei der Erwähnung der Berechnung des Zentralwerts oder des dichtesten Werts bräche ich gerade dort ab, wo die Sache für den Praktiker belangreich werde. Dadurch bleibe ein unstreitig vorhandenes Bedürfnis unbefriedigt. Diese „zu geringe Berücksichtigung der Interessen der Praxis“ deckt sich offenbar zum großen Teil mit der oben (S. 29) besprochenen Tatsache, daß in meinem Grundriß die technische Seite der Statistik (in meinem Sinn) nur in geringem Ausmaß geschildert wird.

Maßgebend scheint mir da zu sein, ob man ein Lehrbuch für sich allein — ohne Rücksicht auf die ganze Struktur des Unterrichts — betrachten darf, ob man von einem Lehrbuch verlangen darf, daß es für sich allein die Ausbildung im betreffenden Fach zu bewirken vermag. Ich fürchte selbst, daß, wer meinen Grundriß durchliest, — ohne sich irgendwie noch in anderer Weise mit Statistik zu beschäftigen — noch lange kein geschickter praktischer Statistiker geworden ist; ein Buch, das möglichst viel praktische Ausbildung vermitteln, die Bedürfnisse der Praxis[22]) möglichst ausgiebig berücksichtigen wollte,

[22]) Für die, wie es scheint, schwankenden Ansichten darüber, was die Praxis eigentlich sucht, ist kennzeichnend, daß *H. Wolff* (DStZ. 15. Jg. 1923 S. 67) von *Schotts* „Statistik“, die doch nicht viel mehr praktische Anleitungen als mein Grundriß enthält, sagt: sie sei außer ihrem einzigartigen wissenschaftlichen Werte

müßte die ganze Technik der Statistik behandeln, es müßte auch z. B. Anleitungen geben, wie Prozentzahlen berechnet werden, wie Rechenmaschinen zu handhaben sind u. dgl. Allein der Hochschulunterricht besteht doch nicht darin, daß dem Studierenden ein „Lehrbuch" in die Hand gedrückt wird[23]). Der Studierende soll doch zunächst die Vorlesung hören und dann an Seminarübungen (für Anfänger, für Fortgeschrittene) teilnehmen; bei allen diesen Gelegenheiten kann vieles ganz anders erläutert werden als in einem Buch; da steht die Tafel zur Verfügung, da können Erhebungsformulare und Tabellen verschiedener Art sowie graphische Darstellungen gezeigt, die Quellenwerke selbst durchgesehen werden. *Ferdinand Schmid* hat in seiner Besprechung sehr beachtenswerte Vorschläge zur Ausgestaltung des statistischen Unterrichts gemacht; er empfiehlt die Drucklegung einer Sammlung ausgewählten Zahlenmaterials und eines Musterheftes graphischer Darstellungen. In diesem Sinne gehe ich auch schon tatsächlich seit Jahren beim Unterrichte vor[24]). Ich fasse zusammen: Man sollte m. E. ein Lehrbuch nicht isoliert sondern nach seiner Funktion in der ganzen Struktur des Unterrichts betrachten und bewerten. Ein statistischer Grundriß bedarf jedenfalls der Ergänzung: der Studierende findet sie in der Vorlesung und in Seminarübungen, sonstige „Praktiker" können sie in einem statistischen Amt oder einer statistischen Abteilung einer Behörde oder eines privaten Unternehmens finden.

Ich weiß übrigens nicht, ob überhaupt ein Buch denkbar ist, durch dessen Lektüre man ohne weiteres ein perfekter praktischer Statistiker werden kann. Kann man Statistik überhaupt aus einem Buch lernen? Zwei Rezensenten haben spontan diese Frage berührt. *Ferdinand Schmid* sagt (a. a. O. S. 662): „Wie manche anderen Wissenszweige wird auch die Statistik niemals allein aus Büchern erlernt werden können." *Seutemann* sagt (DStZ. 1922 S. 67): „Didaktisch im eigentlichen Sinne ist ein solcher Grundriß überhaupt nicht. Lernen kann man Statistik nur an einzelnen Gegenständen und Ergebnissen, an denen das Methodisch-Technische und das statistische Denken geübt wird." Meine Absicht war vor allem die Verfahren der Statistik

---

auch „ein System der statistischen Praxis, also eine Lehre für den echten Statistiker".

[23]) Die folgenden Bemerkungen betreffen nur die Studierenden der Statistik, nicht sonstige Praktiker.

[24]) Meine Studierenden erhalten Serien von vervielfältigten Tabellen einerseits zur Erläuterung der allgemeinen Methodenlehre (Tabellen mit den verschiedenen Unterarten von Größenklassen, Tabellen zur Darlegung des Kombinierens mehrerer Merkmale bei der Bearbeitung des Erhebungsmaterials, Tabellen mit verschiedenen schematischen Beispielen für scheinbare „Widersprüche" zwischen verschiedenartigen Verhältniszahlen und Mittelwerten usw.), andererseits zur Erläuterung wichtiger wirtschaftsstatistischer Ergebnisse (Tabellen aus der Berufs-, der landwirtschaftlichen und gewerblichen Betriebsstatistik, der Vermögens- und Einkommens-, der Handelsstatistik, der Statistik der Aktiengesellschaften usw.); zahlreiche graphische Darstellungen in großem Format dienen zur Veranschaulichung verschiedener Unterarten von graphischen Darstellungen und zur Veranschaulichung gewisser positiver statistischer Ergebnisse. *Ferd. Schmid* scheint allerdings an Lehrbehelfe zu denken, welche die statistischen Dozenten gemeinsam beschließen und anfertigen lassen sollten.

methodologisch zu kennzeichnen[25]). Praktische Anleitungen über die technische Durchführung gab ich relativ wenig; wer aber das Wesen der Statistik im logisch-wissenschaftlichen Sinne erfaßt hat, wird sich m. E. auch in der Praxis bald zurecht finden[26]). Vielleicht darf ich auch darauf aufmerksam machen, daß viele abstrakte Sätze der Allgemeinen Methodenlehre in meinem Grundriß ihre Konkretisierung in der Besonderen Methodenlehre finden; in der ersteren werden z. B. die verschiedenen Arten von Mittelwerten begrifflich definiert, in zahlreichen Abschnitten der Besonderen Methodenlehre kommen dann praktische Fälle in den verschiedensten Spezialgestaltungen vor. Wenn zahlreiche Rezensenten meinen Grundriß als empfehlenswerten 'Studienbehelf bezeichnet haben[27]), so messen sie vermutlich (gleich mir) der logisch-wissenschaftlichen Unterweisung — aus der doch auch Richtlinien für die Praxis hervorgehen — die Hauptbedeutung zu; vielleicht haben manche Rezensenten auch den Zusammenhang zwischen dem „Lehrbuch" und den anderen Formen des Hochschulunterrichts im Auge gehabt.

3. Gefahr zu knapper Darstellung des überreichen Stoffs.

Das Gebiet der gesamten Statistik mit den zahlreichen Zweigen des „Praktischen Teils" ist ungemein umfassend; diesen Stoff in einem „Lehrbuch" im ganzen Umfang wirklich gründlich darzulegen, ist sehr schwierig; es entsteht die Gefahr zu knapper und daher nicht genügend verständlicher Darstellung. Dieser Vorwurf wurde meinem Grundriß von einzelnen Rezensenten gemacht — während andere die Darstellung als besonders leicht verständlich bezeichnet haben. *Seutemann* (DStZ. 1922 S. 67) sagt: „Der materielle Teil wird in seiner

---

[25]) Diese Seite meines Grundrisses scheint auch *Bowley* anzuerkennen, wenn er von der „allgemeinen Methodenlehre" sagt, sie sei „admirably systematic". Von meiner Schrift „Fünf Hauptprobleme usw." sagt *Bowley* (Weltwirtschaftliches Archiv 1923 Bd. XIX Heft 4 S. 617): „This pamphlet should be read in conjunction with the author's larger work „Grundriß der Statistik" and small as it is, it is perhaps of almost as great utility to the student of statistical reports and to administrators."

[26]) Dieser Ansicht von dem Werte methodologisch-wissenschaftlichen Verständnisses ist auch *W. Winkler* selbst. A. a. O. S. 152 sagt er (in einer Besprechung von *Meerwarths* „Einleitung in die Wirtschaftsstatistik"): „Ein theoretisch gründlich ausgebildeter Statistiker wird sich in allen Sätteln der angewandten Statistik schnell zurecht finden, besonders wenn er klug genug ist, sich nicht für einen Alleskönner zu halten und mit den Fachleuten des Anwendungsgebietes Fühlung hält."

[27]) Z. B. *Georg v. Mayr, Ferdinand Schmid, Gerloff, Schöne, Max. Meyer, Verrijn Stuart, Simon* (Zeitschr. des Preuß. Statist. Landesamtes 1921, 3. Abteilung S. 154ff.). Der amerikanische Statistiker *W. F. Willcox* (von der Cornell University) schließt seine ausführliche Rezension (Journal of the American Statistical Association, June 1922, S. 276—278) mit den folgenden Worten: „Professor *Zizeks* new book no doubt will prove of great value to German students of statistics. The first part dealing with the theory has a value less limited by lines of nationality. This part of the book might advantageously be translated and published for American students; or, better yet, a book might be prepared based upon this but substituting American material for the prevailing German data." Der japanische Statistiker *Takeo Takeda,* der den „Grundriß der Statistik" ins Japanische übersetzt, hat in dem Schreiben, worin er um meine Einwilligung zur Übersetzung ersuchte, auf verschiedene Vorzüge der Schrift „in praktischer und wissenschaftlicher Hinsicht" hingewiesen; von der Übersetzung „würden viele Japaner großen Nutzen haben".

Gedrungenheit keinen Spezialisten befriedigen, aber der Verfasser wollte doch auch nur hineinblicken lassen in den Reichtum statistischer Betätigung und in die unermeßliche Menge nutzbringender und belehrender Erkenntnisse. Das ist in so knapper und dabei doch so überzeugender Weise noch niemandem gelungen." *v. Bortkiewicz* meint (Deutsche Literaturzeitung 1921 Nr. 49 S. 708), das Gebiet der Wirtschaftsstatistik sei „freilich so vielgliedrig und reichhaltig, daß von dem relativ breiten ihm zugewiesenen Raum auf manche an sich wichtige Einzelfragen nur wenige Seiten entfallen; was da geboten wird, ist oft nicht viel mehr als eine Art Schema mit den dazu gehörigen Literaturangaben. Dadurch nimmt die Darstellung mitunter einen lexikalischen Charakter an". *Tschuprow* führt aus (Nordisk Stat. Tidskrift Bd. 1 1922 2. Heft), das Bestreben, eine zusammenfassende Darstellung des Gesamtgebiets der Statistik „in einen Band hinein zu pressen", habe dem Buch wesentlich geschadet, die Darstellung sei vielfach zu konzentriert, zu knapp geworden, und habe dadurch — namentlich für die Studierenden — an Verständlichkeit eingebüßt. „Die sich nie verleugnende Darstellungskunst des Verfassers leistet außerordentliches in der Überwindung der Schwierigkeiten der Zusammendrängung des ins Auge gefaßten Inhalts auf den verfügbaren Raum. Namentlich unter den Abschnitten, welche der Zusammenfassung der statistischen Ergebnisse gewidmet sind, findet man vielfach wahre Muster der konzentrierten Wiedergabe der Früchte gelegentlich recht komplizierter fremder und eigener Denkbarkeit. Aber selbst solche Seiten, die dem Kenner ungemischte Freude bereiten, sind für die Studierenden vielfach zu knapp gehalten; der durch die behutsam gewählten Worte mehr angedeutete als ausgedrückte Reichtum an Tatsachen und an Gedanken wird nur demjenigen offenbar, bei welchem sich Anknüpfungen an bereits vorhandene Kenntnisse finden. Und neben solchen Glanzpassagen gibt es — namentlich in den methodologischen Abschnitten — unzählige ‚tote Stellen', welche in ihrer jetzigen Kürze für den Kundigen ebenso nichtssagend sind wie für den Anfänger. Es gibt eben gewisse objektive Grenzen, welche dem Streben nach konzentrierter Darstellung durch das Wesen des Darzustellenden vorgezeichnet werden." Das Bestreben, ein lückenloses System zu schaffen, „die Systemschwärmerei", sei meinem Grundriß zum Verhängnis geworden. So entstand „ungeachtet der stellenweise geradezu virtuosen Überwindung der Schwierigkeiten ein eigenartiges Gemisch von Programm, Schema, Repetitorium und Nachschlagewerk, das für andere Systembauer von Wert sein dürfte, aber diejenigen Konsumenten, an welche sich der Verfasser im Vorwort wendet, sicherlich nicht befriedigen kann. Namentlich ist den Studierenden das sich Vertiefen in die 470 Lexikon-Oktavseiten des *Zizek*schen Grundrisses entschieden abzuraten. Durch die kinematographische Vorführung von schnell einander ablösenden Bildern wird der Studierende ermüdet, anstatt zu eigenem Nachdenken und Weiterforschen in dem Maße angeregt zu werden, wie man es von einem Lehrbuch verlangen darf. *A. Bowley* hat unbedingt recht, wenn er in seiner Besprechung des

Grundrisses im Weltwirtschaftlichen Archiv (1922 S. 556) behauptet: ‚No one can learn statistics from this book'." [28])

Dieser Kritik gegenüber möchte ich wieder (s. o. S. 38) darauf hinweisen, daß m. E. das „Lehrbuch" im Zusammenhang mit den auf dem betreffenden Fachgebiet sonst vorhandenen Unterrichtsmöglichkeiten zu betrachten ist. Wer ganz fremd an eine Wissenschaft herantritt, wird zumeist in einem Lehrbuch derselben manches zu knapp und schwer verständlich finden, und wer ein Lehrbuch — z. B. als Rezensent — sozusagen in einem Zuge durchliest, wird durch die Fülle und Mannigfaltigkeit des Gebotenen förmlich erdrückt werden; anders der Studierende, der den Stoff sukzessive im Laufe von Semestern aus Vorlesungen und Übungen und durch abschnittweises Lesen des Lehrbuchs aufnimmt. Die Mannigfaltigkeit des Stoffs — im „Praktischen Teil" — hat außerdem ihre eigene didaktische Bedeutung, indem sie, wie *Seutemann* (s. o. S. 40/41) es ausdrückt, den Reichtum der statistischen Betätigung und die außerordentliche Menge nutzbringender und belehrender Erkenntnis zeigt. Diese Mannigfaltigkeit kann der Studierende besinnlich betrachten, sie eilt nicht, wie *Tschuprow* meint, gleich kinematographischen Bildern an ihm vorbei. Da scheint mir der Vergleich, den *Robert Weiß* (Wiener Morgenzeitung vom 20. April 1922) gezogen hat, zutreffender: „Der materielle Teil rollt ein Gesamtpanorama des Wirtschaftslebens auf, das eindrücklicher als jedes Lehrbuch der Nationalökonomie und jeder Essay über Soziologie uns die Fülle unseres sozialen Daseins, die Differenzierung und Integrierung der Gesellschaft bewußt macht" [29]). Die einzelnen Abschnitte des „Praktischen Teils" konnte ich relativ kurz behandeln, weil ich dabei die Methodik der Einzelzweige rasch durch Hinweise auf die als bekannt vorausgesetzte allgemeine Methodenlehre kennzeichnen konnte, während andererseits auch die materiellen, sozialwissenschaftlichen Probleme als im großen und ganzen bekannt angenommen wurden, so daß eine kurze Andeutung in der Regel genügte; umfangreiche zahlenmäßige Ergebnisse wiederzugeben, kam auch nicht in Frage. Hierzu kommt folgendes: nicht so sehr die einzelnen Abschnitte sollen (mit ihren Details) den Studierenden anregen, als die Zusammenhänge zwischen den verschiedenen aufeinander Bezug nehmenden Abschnitten, der Vergleich derselben, die Erkenntnis der Wechsel-

---

[28]) *Bowley* hat (s. o. S. 38) diesen Ausspruch allerdings mit einem ganz anderen Argument begründet als *Tschuprow*, nicht mit zu großer Mannigfaltigkeit und Knappheit, sondern mit dem Fehlen zahlenmäßiger Illustrationsbeispiele.

[29]) So vergleicht also ein Rezensent die materielle Statistik mit einer kinematographischen Vorführung, ein anderer mit einem Weltpanorama; ein dritter vergleicht sie — mit einer wohl assortierten Zigarrenkiste: „Der Altmeister der Statistik *G. v. Mayr* hat das bekannte Büchlein von *Schott* ‚Statistik' (Aus Natur und Geisteswelt) einmal eine wohlgedrehte Zigarre genannt. In Anlehnung an dieses Wort kann man vielleicht das vorliegende große Werk von *Zizek* mit einer wohl assortierten Zigarrenkiste vergleichen" (*Guradze* in der „Verwaltungs-Akademie" 1922 Nr. 3/4). *Schott* hat (DStZ. 1922 S. 117) geschrieben: „Vor Jahresfrist etwa hat sich mit *Zizeks* Grundriß der Statistik der lang vermißte Mittelgewichtler dem unbestrittenen Schwergewichtsmeister *v. Mayr* und den unterschiedlichen Leicht- und Fliegengewichtlern der didaktischen statistischen Literatur hinzugesellt." Wir sehen: Vergleiche spielen nicht nur in der Statistik selbst eine große Rolle, sondern auch in der statistischen Kritik.

seitigkeit zwischen allgemeiner und besonderer Methodenlehre und der materienweisen Verknüpfung der letzteren mit den mannigfachsten wirtschaftlichen und sonstigen sozialen Fragen. Die systematische Gliederung und Darstellung des ganzen Stoffes hat m. E. an sich — auch wenn nicht alle Bestandteile des Systems ausführlich besprochen werden — selbständigen, spezifischen didaktischen Wert[30]).

4. Inhaltliche Beschränkung, z. B. durch vornehmliche Behandlung der Wirtschaftsstatistik.

Angesichts der Fülle des Stoffes kann — wenn bei aller Knappheit der Darstellung doch der verfügbare Raum nicht für entsprechende Behandlung des ganzen Stoffes genügt —, bewußt[31]) inhaltliche Beschränkung in Betracht gezogen werden. Ich muß — leider — wieder an meinem Grundriß und dessen Rezensionen, in denen die uns interessierenden Anschauungen der Fachkollegen zum Ausdruck gelangt sind, exemplifizieren. Ich habe mit gleichzeitiger Rücksicht auf den beschränkten Raum und den Interessentenkreis, dem meine Schrift vor allem dienen sollte, ferner auch mit Rücksicht darauf, daß für die Moralstatistik durch das große Werk *G. v. Mayr*s vorgesorgt ist, die Bevölkerungs- und die Wirtschaftsstatistik eingehender behandelt als die Gesundheits-, die Moral-, die Bildungs- und die Politische Statistik (vgl. Vorwort der 1. Auflage gegen Schluß, auch in der 2. Auflage abgedruckt). Sehr wesentlich war jedoch die Zurücksetzung der letztgenannten Hauptzweige nicht: diese treten natürlich in Werken, in denen die Wirtschaftsstatistik nicht vorkommt, stark hervor; sie müssen aber in einem vollständigen System auch bei ganz gleichmäßiger Behandlung aller Abschnitte infolge des außerordentlichen Umfangs der Wirtschaftsstatistik relativ verschwinden. Sehr viele wichtige Abschnitte der Wirtschaftsstatistik sind bei mir keineswegs ausführlicher behandelt als beispielsweise die einzelnen Abschnitte der Moralstatistik, deren Anzahl eben gering ist. Trotzdem also die Moral- und die Bildungsstatistik eigentlich kaum „zurückgesetzt“

---

30) Ich darf mich vielleicht für diese allgemeine These auf einen Passus in der Besprechung von *Verrijn Stuart* beziehen: „Die klare logische Systematik des Werks macht es zu einem sehr zu schätzenden Hilfsmittel beim Unterricht der Statistik“. (De Economist, 1922 S. 561). *Most* sagt (Stahl und Eisen 1922 Nr. 34): „Daß natürlich in einem solchen Handbuch Sonderfragen statistischer Arbeitsweise nicht in allen Einzelheiten behandelt werden können, ist selbstverständlich, bedeutet aber vielleicht für den Zweck des Werkes mehr einen Vorteil als einen Nachteil.“

31) Von der bewußten und beabsichtigten inhaltlichen Einschränkung ist zu unterscheiden die unbewußte oder mindestens unbeabsichtigte, inhaltliche Ungleichmäßigkeit. Mehrere Rezensenten (vgl. die vorstehenden Zitate aus den Besprechungen von *Gerloff* und *Tschuprow*) haben die teilweise ungleichmäßige Behandlung verschiedener Partien in meinem Grundriß bemängelt, die ich auch nicht bestreiten möchte; es ergibt sich leider naturgemäß, daß der Verfasser eines Systems nicht allen Teilgebieten gleich nahe steht. Es kann aber der Verfasser auch hinsichtlich der relativen Wichtigkeit der einzelnen Teilgebiete und über das ihnen gebührende Ausmaß der Berücksichtigung anderer Meinung sein als mancher Rezensent. Sehr wohlwollend äußert sich in seiner Besprechung meines Grundrisses *Czuber* (Österreichische Revue, Organ für Assekuranz und Volkswirtschaft, vom 9. Januar 1922): „Je nach der Bedeutung der einzelnen Abschnitte und dem Fortschritt ihrer Bearbeitung ist größere oder mindere Ausführlichkeit bis zu kurzer Andeutung beobachtet.“

wurden, haben sich mehrere Rezensenten ihrer lebhaft angenommen mit einer Begründung, die mir als — „Systemschwärmer" (nach *Tschuprow*) prinzipiell nur sympathisch sein kann. Ich führe die bezüglichen Ausführungen an, indem ich vom Standpunkt des „Systems" zustimme; vom Standpunkte des einem bestimmten Interessentenkreise dienenden „Lehrbuchs" glaube ich aber auch weiterhin eine gewisse Bevorzugung der Wirtschaftsstatistik vertreten zu können[32]).

Eine ausführlichere Behandlung der Moral-, Bildungs- und Politischen Statistik haben vom Standpunkt systematischer Ausgeglichenheit z. B. gefordert *Ferdinand Schmid* (a. a. O.), *Friedrich Zahn* (Lit. Zentralblatt für Deutschland Nr. 44 1921) und ein nicht genannter Kritiker in der Augsburger Postzeitung; *Verrijn Stuart* findet, auch die Bevölkerungsstatistik sei zu kurz gekommen. *Ferdinand Schmid* (a. a. O. S. 666) richtet an die Statistiker die Mahnung, „sich bei Pflege der ihnen anvertrauten Disziplin die Totalität der Erscheinungen des menschlichen Gemeinschaftslebens vor Augen zu halten und nicht gegenüber der Bevölkerungs- und Wirtschaftsstatistik die übrigen gesellschaftlichen Probleme zu vernachlässigen. Unsere Universitäten sind keine Akademien für Wirtschaftswissenschaften, sondern universitates literarum und der an ihnen wirkende Statistiker soll eine dem Philosophen und Soziologen verwandte Position einnehmen, die sich nicht auf den engen Bereich einer einzelnen Fachwissenschaft beschränkt". *Ferdinand Schmid* verweist (S. 665) für seine Forderung auch auf ein in der Richtung des „Interessentenkreis-Arguments" liegendes Moment, nämlich darauf, daß gerade der Moral-, der Bildungs- und der Politischen Statistik viele richterliche und Verwaltungsbeamte ein erhöhtes Interesse entgegenbringen werden, das nun unbefriedigt bleibt. „Wir Statistiker haben aber, wie ich glaube, alle Ursache, auch die genannten Kreise für unser Wissensgebiet zu gewinnen." Diesen Meinungen, die eine ausführlichere Behandlung der außerhalb der Wirtschaftsstatistik liegenden Abschnitte fordern, steht diametral gegenüber die Ansicht *Tschuprows*, ich hätte mich im materiellen Teil meines Grundrisses auf die Wirtschaftsstatistik beschränken, sie aber unter Verdoppelung des Umfangs freier gestalten sollen — denn die außerordentliche Fülle des g a n z e n Stoffes in einem Bande entsprechend darzustellen, sei überhaupt nicht möglich. Eine ausführliche, alle ihre Einzelzweige gründlich behandelnde Wirtschaftsstatistik zu schreiben, ist gewiß eine sehr schöne, durch meinen Grundriß nicht gelöste Aufgabe. Ich hatte mir jedoch diese Aufgabe nicht gestellt, — eine Wirtschaftsstatistik würde auch m. E. logischerweise nicht mit einer „allgemeinen Methodenlehre" eine Einheit bilden können; meine Absicht ging in allererster Linie dahin, auf Grundlage einer ausgebauten allgemeinen Methodenlehre den ganzen Stoff der Statistik

[32]) *v. Bortkiewicz* sagt (Deutsche Literaturzeitung 1921 Nr. 49 vom 10. Dezember S. 708): „Die Proportionen, welche die verschiedenen Hauptzweige der Statistik im zweiten Teil von *Zizeks* Grundriß einhalten, richten sich durchaus nach den Bedürfnissen der Studierenden der Nationalökonomie sowie der überwiegenden Mehrzahl der statistischen Interessenten. Treten doch für sie die Bevölkerungsstatistik, und erst recht die Moralstatistik der Wirtschaftsstatistik gegenüber naturgemäß in den Hintergrund."

möglichst einheitlich darzustellen und so eine neuartige „Gesamtstatistik“ zu bieten.

5. Berücksichtigung der internationalen, der historischen, der privatwirtschaftlichen und der mathematischen Statistik.

Die Berücksichtigung der internationalen Statistik ist für ein Lehrbuch m. E. grundsätzlich zu fordern; ich habe daher auch in der „Allgemeinen Methodenlehre“ Ziele und Wege der internationalen Statistik grundsätzlich erörtert sowie bei vielen methodologischen Spezialfragen deren Tragweite für die internationale Vergleichbarkeit dargelegt; ich habe ferner in den einzelnen Abschnitten des Besonderen Teils — natürlich nach Maßgabe des verfügbaren Raumes — über verschiedene besondere methodologische Leistungen des Auslandes berichtet und auch mehrfach — aber keineswegs bei allen Materien — internationales Zahlenmaterial geboten. *Bowley, Tschuprow* und *Ferd. Schmid* haben die Ansicht ausgesprochen, mein Grundriß enthalte zu wenig internationale Statistik — sie denken da offenbar vor allem an den Besonderen Teil. *Würzburger* konstatiert (Schmollers Jahrbuch 46. Jg. 1922 S. 986, 3/4. Heft S. 364), ich hätte mich überwiegend auf die deutsche Statistik gestützt, aber er weicht von den oben genannten Rezensenten in der Beurteilung ab: „Dies erscheint mir ebenfalls als ein Vorzug, und zwar erstens, weil es sich aus räumlichen Gründen verbietet, den internationalen Zusammenstellungen die nötigen Erläuterungen beizugeben, und sie daher methodisch nur wenig instruktiv sind, und dann wegen des Nutzens, der sich für die reichsdeutschen Studierenden daraus ergibt, daß sie eine recht vielseitige Kenntnis der heimischen Verhältnisse erhalten, ähnlich wie die englischen durch die beiden Werke von *Bowley,* der sich ja fast ausschließlich auf die britische Statistik stützt.“

Ebenso wie in die internationale Statistik hat ein Lehrbuch m. E. grundsätzlich auch in die historische Statistik einzuführen; Aufgaben und Methoden derselben sind in der allgemeinen Methodenlehre allgemein zu besprechen, im praktischen Teil kommt prinzipiell bei jeder Untersuchung auch die Erforschung der Vergangenheit — mit ihren besonderen Methoden und Ergebnissen — in Frage. *Ferdinand Schmid* bedauert, daß in meinem Grundriß die historische Statistik fast ganz gestrichen sei und meint damit offenbar historisch-retrospektive Zahlenreihen. „Die Angaben der historischen Statistik besitzen für den Jünger der Geschichte sowie für den Vertreter der historischen Nationalökonomie erheblichen Wert und selbst weitere Kreise bringen namentlich historischen Bevölkerungsreihen, wie wir uns erst jüngst gelegentlich eines populären Vortrags selbst überzeugen konnten, aufmerksames Verständnis und lebhaftes Interesse entgegen.“

Ob im Rahmen der „Wirtschaftsstatistik“, die im wesentlichen volkswirtschaftliche Statistik ist, auch die privatwirtschaftliche (betriebswirtschaftliche) Statistik mit ihren besonderen Untersuchungsobjekten und -verfahren zu behandeln sei, war, als ich meinen Grundriß schrieb, m. W. noch nicht erörtert worden. Ich habe diesen neuen praktisch sehr wichtigen Zweig der angewandten Statistik im Grundriß wegen seiner Verwandtschaft und der vielfachen Beziehungen mit der volkswirtschaftlichen „Wirtschaftsstatistik" grundsätzlich charakterisiert, und bei den in Betracht kommenden Einzelzweigen der Wirtschaftsstatistik auf die den betreffenden volkswirtschaftlichen parallel laufenden privatwirtschaftlichen Statistiken hingewiesen (privatwirtschaftliche Vorrats-, Fabrikations- und Umsatzstatistiken, privatwirtschaftliche Bankstatistik zum Unterschied von der volkswirtschaftlichen Bankstatistik usw.). Aber eine eigentliche Darstellung der privatwirtschaftlichen Statistik bietet mein Grundriß nicht. Nun hat sich, m. W. als erster, *Tschuprow* zu der in Rede stehenden Frage geäußert. Im Aufsatz „Business Statistics" (Nordisk Statistisk Tidskrift Bd. 2 1923 Heft 2) schreibt er (S. 177ff.): „Das zweite Dezennium des XX. Jahrhunderts hat einen neuen Stern auf dem statistischen Firmament plötzlich aufflammen sehen: unter der Bezeichnung „Business Statistics", „Geschäftsstatistik", „Statistik in der Unternehmung" hat sich eine Disziplin konstituiert, welche beansprucht, über das eben entdeckte Neuland der statistischen Betätigungen der einzelnen Unternehmungen die wissenschaftlichen Herrschaftsrechte auszuüben. Eine allgemeine Anerkennung ihrer Selbständigkeit, sowie ihrer Gleichberechtigung mit den älteren statistischen Disziplinen hat sie noch nicht erlangt. Selbst in dem neuesten, alles umspannenden und die privatwirtschaftliche Statistik an mehreren Stellen erwähnenden Grundrisse der Statistik von *Zizek* wird ihr kein eigener Paragraph, geschweige denn ein eigener Abschnitt zugewiesen. Es wird aber nicht lange dauern, bis die Geschäftsstatistik in die statistischen Systeme und in die statistischen Lehrbücher Einzug hält: der rasch sich vollziehende Ausbau des privatstatistischen Dienstes, sowie die an Umfang und Inhaltsreichtum stetig zunehmende Literatur des neuen Wissenszweiges leisten dafür Bürgschaft." Ich bin — von *Tschuprow* abweichend — der Meinung, daß eine gemeinsame, und zwar gleichmäßige Behandlung von volks- und privatwirtschaftlicher Statistik nicht möglich ist; letztere bedarf m. E. wegen ihrer eigenartigen Gegenstände — wobei die Vorgänge und Ergebnisse des Einzelbetriebs im Vordergrunde stehen — und wegen ihres eigenartigen Zweckes — Gewinnung von Anhaltspunkten für Maßnahmen zur Steigerung der Wirtschaftlichkeit und Rentabilität der Erwerbswirtschaften — gesonderter Darstellung mit einem von der Gliederung der Wirtschaftsstatistik verschiedenem Aufbaue. Sofern die Trennung von Volkswirtschaftslehre und Privatwirtschaftslehre anerkannt wird — was jetzt wohl allgemein der Fall ist — müssen auch volkswirtschaftliche und privatwirtschaftliche Statistik als verschiedene Gebiete — allerdings mit vielfachen Beziehungen und gemeinsamer methodologischer Grundlage — angesehen werden; Privatwirtschaftliche Statistik kann nur im Zusammenhang mit den Problemen der Privatwirtschaftslehre und somit nicht im Rahmen der nach den volkswirtschaftlichen Problemen orientierten „Wirtschaftsstatistik" dargelegt werden. In dieser Meinung bestärkt mich u. a. auch die Tatsache, daß schon eine ganze Reihe von speziell und ausschließlich der privatwirtschaftlichen Statistik gewidmeten Schriften erschienen sind, deren wichtigste aus letzter Zeit — die Schriften von *Calmes, Porzig, Hertlein, Mortara, Copeland, Boddington* und *Holland* — *Tschuprow* in dem genannten Aufsatze bespricht, abgesehen von den Spezialdarstellungen der privatwirtschaftlichen Statistik in zahlreichen neueren Lehr- und Handbüchern der Privatwirtschaftslehre. *Tschuprows* Ansicht überrascht auch deshalb, weil er gleichzeitig die — *Calmes*sche — Auffassung der Geschäftsstatistik als einer Teildisziplin der Privatwirtschaftslehre für prinzipiell richtig hält (a. a. O. S. 211). Diese „*Calmes*sche" Auffassung, wonach also im Systeme der Wirtschaftswissenschaften die Privatwirtschaftliche Statistik nicht der Lehre von der Statistik, sondern der Privatwirtschaftslehre angegliedert werden solle, wurde allerdings von *W. Winkler* als „Annexionsversuch" der Privatwirtschaftslehre vom Standpunkte der einheitlichen gesamten Wirtschaftsstatistik entschieden bekämpft (Zeitschr. f. Volkswirtschaft und Sozialpolitik, Wien, N. F. 2. Bd. 1922 S. 152ff.), doch lassen sich natürliche Differenzierungsentwicklungen m. E. nicht verhindern.

Darüber, welche Stellung in einem allgemeinen Lehrbuch der Statistik der mathematischen Statistik gegenüber einzunehmen ist, sind in den Besprechungen meines Grundrisses stark divergierende Meinungen geäußert worden — der Verfasser eines nächsten Lehrbuchs kann in ihnen wichtige Argumente finden. Die meisten Autoren haben offenbar gebilligt, daß der Grundriß die „mathematische Statistik" nicht behandelt. *Ferdinand Schmid* sagt (a. a. O. S. 662): „Auch Fragen der mathematischen Statistik hat er mit Absicht von seinem ‚Grundriß' ausgeschlossen und man wird diese seine Haltung nur billigen können, wenn man bedenkt, daß die darunter fallenden Probleme immer nur einem relativ kleinen Kreis von Interessenten nahe liegen oder verständlich gemacht werden können. Wie der Verfasser im Vorwort darlegt, soll sein ‚Grundriß' in erster Linie den Studierenden der Sozial- und Wirtschaftswissenschaften als Lernbehelf dienen und diese werden nur höchst selten über die zum Verständnis der mathematischen Statistik erforderlichen Spezialkenntnisse verfügen." Ebenso gibt mir z. B. *Verrijn Stuart* ausdrücklich recht (De Economist, Jahrg. 1922 S. 561). Dagegen ist für *W. Winkler* (a. a. O. S. 349 und 353) meine Schrift einseitig, sie bringe ein System der logisch-statistischen Denkformen, aber mit „Hintansetzung der mathematischen Denkformen". Diese Hintansetzung beruht jedoch bei mir keineswegs auf prinzipieller Gegnerschaft. *W. Winkler* sagt (a. a. O. S. 350) mit Recht: „Auch in der Frage der mathematischen Statistik lenkt *Zizek* ein, indem er sie von der Betrachtung in seinem Lehrbuch zwar ausschließt, aber doch zugibt, daß die Unterscheidung in allgemeine und mathematische Statistik nicht grundsätzlicher, sondern technischer Art sei." *Winklers* These (a. a. O. S. 353), daß es nur eine statistische Theorie gebe, die sich je nach Bedarf bald der logischen bald der mathematischen Hilfsmittel bediene, akzeptiere ich mit dem Vorbehalt, daß ich eine sehr weit gehende wissenschaftliche Behandlung der Statistik auch ohne Mathematik für möglich halte. Ich habe mich jedenfalls an zahlreichen Stellen bemüht, die grundlegenden Gedankengänge der mathematischen Statistik darzulegen und sie zur Befruchtung der allgemeinen Statistik zu verwerten. Meine Behandlungsweise der mathematischen Statistik rügt ferner *Tschuprow;* was ich an Andeutungen über Ziele und Wege der mathematischen Statistik biete, sei unzulänglich, seines Erachtens wäre es zweckmäßiger gewesen, auch noch den jetzt vorhandenen Rest mathematischer Statistik auszuscheiden — der freiwerdende Raum könnte zur eingehenderen Behandlung der übrigen Probleme verwertet werden; nach diesem Vorschlag ist es *Tschuprow,* aber nicht der Verf., der das „Vorurteil" hat, „es gäbe eine von der allgemeinen Statistik zu unterscheidende mathematische Statistik, die nur wenigen Spezialisten zugänglich sei, und von den übrigen Statistikern hochgehalten, aber wegen ihrer ‚Schwierigkeiten' nicht beachtet zu werden brauchte". Abschließend möchte ich die Stellungnahme *Seutemanns* wiedergeben (DStZ. 1922 S. 70—72): „Dieser Grundriß stützt von neuem die ‚allgemeine' Statistik gegenüber den Ansprüchen mancher mathematischer Statistiker und beweist, daß der praktische Statistiker, der neben seiner Fachkenntnis unbedingt über gründliche volkswirtschaftliche, juristische, Verwaltungs- und wohl auch philosophische Bildung verfügen muß, der weitverschlungenen Gedankengänge der mathematischen Theorie, die schließlich auch nur Streitfragen auf Streitfragen häuft, entraten kann, ohne daß seine statistische Urteilskraft — vorbehaltlich gewisser Sondergebiete — Schiffbruch litte. *Zizek* unterschätzt die theoretischen Gesichtspunkte, die die mathematisch-statistische Theorie entwickelt, nicht; sie lassen sich aber von klugen, urteilsvollen Kennern in allgemeinere Fassung bringen. Wir werden in Deutschland — getreu unseren großen statistischen Vorbildern — nicht den englischen statistischen Lehrweg gehen, sondern weiter versuchen, die wirklich wertvollen Gedankengänge der mathematischen Schule der ‚allgemeinen' Statistik anpassend einzuverleiben. Denn das ist freilich nicht angängig, daß die beiden Richtungen ohne rechte Berührung nebeneinander herlaufen."

Im vorstehenden habe ich versucht, den wertvollen Gehalt der von hervorragendsten Fachgenossen stammenden Besprechungen meiner letzten Schriften für die Beleuchtung einiger wichtigen und aktuellen allgemeinen Fragen nutzbar zu machen. Dabei mußten allerdings vielfach auch meine eigenen Ansichten dargelegt werden, schon zum Verständnis der an ihnen geübten Kritik, manchmal zur Behebung einzelner Mißverständnisse, gewissermaßen als eine in die allgemeinen Erörterungen eingeflochtene Selbstanzeige, teilweise auch um unter der Einwirkung der Kritik den eigenen Standpunkt anzupassen und weiter zu entwickeln — nicht jedoch etwa um unbedingt „recht zu behalten", denn *Würzburger* sagt in seiner Besprechung meines Grundrisses (a. a. O. S. 985, bzw. S. 363) richtig vom Verfasser eines Lehrbuchs: „daß er wohl niemals die Vertreter aller Richtungen befriedigen wird". Jedenfalls hat sich im vorstehenden ein m. E. nach mehreren Richtungen instruktives Bild des neuesten Standes unserer Wissenschaft ergeben.

Druck von Dr. F. P. Datterer & Cie., Freising-München.